高等院校特色规划教材

电工电子实习教程

主　编　赵书朵　吕源梅　唐　超
副主编　袁夕茹　袁杰敏　雍　涛　黄　璜

石油工业出版社

内 容 提 要

本书是电工电子课程的实习教材,主要介绍印刷电路板与焊接工艺、常用电子测量仪器、常用电子元器件及其检测、典型电路的安装与调试、安全用电、电工常用工具与仪表的使用、导线的连接与照明电路的安装、常用低压电器与三相异步电动机的控制线路、Multisim 14仿真软件与实例、PCB设计与制作等内容。书中第1章至第4章为电子实习的内容,第5章到第8章为电工实习的内容,第9章为仿真软件,第10章为PCB设计软件。

本书可作为高等院校电子信息类、电气类、机电类、焊接类专业的实习教材,也可作为电子科技创新实践、课程设计、电子设计竞赛等活动的指导书,还可供从事电类各专业技术工作的初中级工程技术人员自学使用。

图书在版编目(CIP)数据

电工电子实习教程/赵书朵,吕源梅,唐超主编. —北京:石油工业出版社,2023.4

高等院校特色规划教材

ISBN 978 - 7 - 5183 - 5942 - 4

Ⅰ. ①电… Ⅱ. ①赵…②吕…③唐… Ⅲ. ①电工技术—高等学校—教材②电子技术—高等学校—教材 Ⅳ. ①TM②TN

中国国家版本馆 CIP 数据核字(2023)第 046634 号

出版发行:石油工业出版社

　　　　　(北京市朝阳区安华里 2 区 1 号楼　　100011)

　　　　　网　　　址:www. petropub. com

　　　　　编辑部:(010)64256990

　　　　　图书营销中心:(010)64523633　　(010)64523731

经　　销:全国新华书店

排　　版:北京密东文创科技有限公司

印　　刷:北京中石油彩色印刷有限责任公司

2023 年 4 月第 1 版　　2023 年 4 月第 1 次印刷

787 毫米×1092 毫米　　开本:1/16　　印张:13.5

字数:344 千字

定价:39.00 元

前　　言

电工电子实习是高等院校理工科学生一门必修的实践技术基础课,引导学生自己动手,通过制作几种真实产品来掌握电工电子基本操作技能和产品加工制作基本工艺。

本书根据高等院校"电工电子实习"课程的教学基本要求,结合作者多年的教学经验以及长期指导大学生电类学科竞赛的工程经验组织编写而成。在编写中注重培养学生的电学基础知识,强化训练学生的动手操作能力,同时考虑到电工电子实用技术的发展及工科类本科层次学生"电工电子实习"课程的教学时长,从教学够用的基础出发,精心组织教材内容。本书的宗旨是提高学生的综合素质,以培养创新精神为目的,着力于实践能力的培养,从培养应用型人才的目标为出发点,通过电工电子实习,达到提高学生动手能力、分析问题和解决问题的能力。

通过电子产品的装配与调试项目训练,学生能基本掌握常见电子元件规格型号、电子元件的识别与检测、电子电路结构、电路工作原理及安装焊接工艺。再者,通过印制电路板的设计训练,学生能了解设计软件的使用、PCB 设计规则、设计流程。通过典型电气控制电路的装配与调试项目训练,学生将基本理解安全用电常识,低压电器的工作原理,低压控制电路的基本结构、工作原理、线路安装工艺,电气故障的检测与调试等。

本书稿的原本为赵书朵编写的校本教材,已在西南石油大学南充校区使用多年。本版由西南石油大学组织相关教师编写,由赵书朵、吕源梅、唐超担任主编,由袁杰敏、袁夕茹、雍涛、黄璜担任副主编,具体编写分工如下:第 1 章由袁杰敏编写;第 2 章由赵书朵编写;第 3、4 章由唐超编写;第 5 ~ 7 章由吕源梅编写;第 8 章由黄璜编写;第 9 章9.3.3、9.3.4 由袁夕茹编写,其余由雍涛编写;第 10 章由袁夕茹编写。全书由西南石油大学谌海云教授担任主审,由赵书朵制定编写方案,赵书朵、吕源梅统稿。

在本书编写过程中引用和参考了许多书籍、相关设备厂家的技术资料以及一些网络资源等,在此向所有参考文献的作者表示衷心的感谢。

由于编者水平有限,书中难免存在一些疏漏或不妥之处,敬请读者批评指正,多提宝贵意见。

编　者
2023 年 1 月

目　　录

第1章 印刷电路板与焊接工艺

1.1 印刷电路板

1.1.1 印刷电路板概述

印刷电路板(Print Circuit Board,缩写为 PCB)是电子产品的重要部件之一,小到电子手表,大到探测海洋、宇宙的电子产品,只要存在电子元器件,它们之间的电气互连就要使用印刷电路板。

如果从印刷电路板的雏形诞生算起,至今有一百多年的历史了,但真正形成工业化生产还是第二次世界大战期间。印刷电路板是随着电子工业的发展而出现和发展起来的,电子元器件的进步是电子工业发展的重要标志。在还没有出现半导体器件时,印刷电路板基本上没有派上用场。当半导体元器件被大量使用以后,印刷电路板制作技术才迅速发展起来。有人称电子元器件和印刷电路板是一对双胞胎。

电子元器件的发展经历了电子管时代、晶体管时代、集成电路时代以及大规模和超大规模集成电路时代。电子元器件近几年的发展趋势是集成度越来越高,在一个芯片上容纳几千万甚至上亿个器件并不为奇;集成电路的速度越来越快,引线数越来越多,多达几百条并不新鲜,随之而来的是引线间距越来越小。若用数字来表达,20 世纪 80 年代初到 90 年代初这十年期间集成度是原来的二百倍,引线数提高五倍多。还有一点必须提及的是表面贴装技术(SMT),这是元器件封装和焊接工艺的革新。从封装方面看,元器件采用表面贴装的形式,体积变得很小,无引线或引线很短可在有限的空间内容纳更多的元器件,实现高密度组装。从焊接工艺看,一改传统的插装形式为表面贴装形式,使印刷电路板面上减少很多孔。通孔也可以设计得很小,有利于提高布线密度。

电子元器件的发展,促进了印刷电路板的形成和发展。印刷电路板的批量生产和大量使用,是由于电子工业发展到了晶体管时代。这期间主要是单面印刷电路板。当发展到集成电路时代以后出现了双面和多层印刷电路板。随着半导体元器件集成度的逐渐提高,每个门的延迟时间缩短,引线数增多以及 SMT 的冲击,在一块印刷电路板上容纳的元器件越来越多,要求印刷电路板布线高密度化。在电性能方面,为了使传输的延迟时间最短,要限制布线长度。为降低杂音、抗电磁干扰及提高散热效率等,要提高设计水平。在制造工艺方面,从设计、各种原材料、设备到工艺和产品检查技术都有了长足进步。

在电子技术发展的早期,元件都是用导线连接的,而元件的固定是在空间中立体进行的。电路由电源、导线、开关和元器件构成,就像我们电工实验室做实验那样。随着电子技术的发展,电子产品的功能、结构变得越来越复杂,元件布局、互连布线都不能像以往那样随便,否则检查起来就会眼花缭乱。因此,就在一块板子上钉上铆钉和接线柱做连接点,用导线把元器件跟接点连接起来,在板的一面布线,一面装元件,这就是最原始的电路板。

单面敷铜板的发明,成为电路板设计与制作新时代的标志,先在敷铜板上用模板印刷防腐蚀膜图,然后腐蚀刻线,这种技术就像在纸上印刷那么简便,印刷电路板因此得名。随着技术的进步,人们发明了双面板,后又发明了多面板。

1.1.2 印刷电路板的结构和种类

1. 印刷电路板的结构

印刷电路板的母材是敷铜板,敷铜板是在绝缘基板上,敷以电解铜箔,再经热压而成。绝缘基板的材料有酚醛纸质、环氧酚醛玻璃布、环氧玻璃布和聚四氟乙烯玻璃布等,一般厚度为 $0.1mm$、$0.5mm$、$1.0mm$、$1.5mm$、$2.0mm$、$3.0mm$ 等。

一般单、双面 PCB 板铜箔(覆铜)厚度约为 $35\mu m(1.4mil)$,另一种规格为 $50\mu m$ 和 $70\mu m$。多层板表层厚度一般为 $35\mu m(1.4mil)$,内层 $17.5\mu m(0.7mil)$。70% 的电路板采用 $35\mu m$ 的铜箔厚度,这主要取决于 PCB 的用途和信号的电压、电流的大小;此外,对于要过大电流的 PCB,部分会用到 $70\mu m$、$105\mu m$ 铜皮厚度,极少还会有 $140\mu m$ 等等。

铜皮厚度通常用 oz(盎司)表示。1oz 指 1oz 的铜均匀覆盖在 $1ft^2$ 的面积上铜的厚度,也就是大约 $1.4mil$,它是用单位面积的质量来表示铜箔的平均厚度,用公式来表示即 $1oz = 28.35g/ft^2$(ft^2 为平方英尺,$1ft^2 = 0.09290304m^2$)。

用途不同,铜皮厚度也不同,普通的 $0.5oz$、$1oz$、$2oz$,多用于消费类及通信类产品;$3oz$ 以上属厚铜产品,大多用于大电流产品,如高压板、电源板。

铜皮厚度(走线宽度)会影响电流大小,目前虽然已经有公式可以直接计算铜箔的最大电流负载能力,但在实际设计线路时可不会只有这么单纯,因此在设计时应该充分把安全这个因素考虑进去。

在一定尺寸的敷铜板上,通过专门的工艺,按预定设计印制导线和小孔,就可以制作成可实现元器件之间相互连接和安装的印刷电路板。

2. 印刷电路板的种类

(1)单面板。在印刷电路板上只有一面有印制导线的称为单面印刷电路板,简称单面板,如图 1.1(a)所示。单面板的结构简单且成本低廉,因此适用于对电气性能要求不高的场合,如收音机、电视机、收录机、仪器和仪表等。

(2)双面板。双面印刷电路板是两面都有印制导线的电路板,简称双面板,如图 1.1(b)所示。由于两面都有印制导线,一般采用金属孔来连接两面的印制导线。双面板的布线密度比单面板高,使用也更方便,适用于对电气性能要求较高的通信设备、计算机、仪器仪表等。

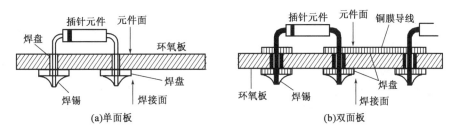

图 1.1 单面板和双面板

（3）多面板。多面板是在绝缘基板上制成三层以上印制导线的印刷电路板，它由几层较薄的单面或双面板叠合压制而成，如图 1.2 所示。多面板的内部设置有电源层、地线层和中间布线层。为了将夹在中间的印制导线引出，安装元件的孔要进行金属化处理，使之与中间各层沟通。随着电子技术的迅速发展，在电路很复杂且对电路板要求严格时，单面板和双面板就无法实现理想的布线。这时，就必须采用多面板。

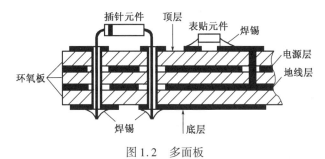

图 1.2 多面板

（4）软性印刷电路板。软性印刷电路板也称柔性电路板，是以软质绝缘材料为基板材料的印刷电路板。它也可以分为单面、双面和多层三大类。在使用时可以按要求将其弯曲。如某些无绳电话机的手柄是弧形的，其内部往往采用柔性电路板。

1.1.3 印刷电路板的常用术语

元件面：大多数元件都安装在其上的那一面。

焊接面：与元件面相对的另一面。

元件封装：实际元件焊接到印刷电路板时的外观与引脚位置（焊点位置）。各元件在印刷电路板上都是以元件封装的形式体现的，不知道元件的封装，就无法进行电路板的设计，因此元件封装在印刷电路板的设计中扮演着主要角色。

焊盘：用于连接和焊接元件的一种导电图形。

印制导线：一个焊点到另一个焊点的连线。导线宽度不同，通过的电流是不一样的。信号线一般都设计的较细，而电源线和公共地线都设计的较宽。

安全距离：导线与导线之间、导线与焊点之间、焊点与焊点之间所保持的绝缘间距。

金属化孔：也称为过孔，是孔壁沉积有金属的孔，主要用于层间导电图形的电气连接。

通孔：也称为中继孔，是用于导线转接的一种金属孔。通孔一般用于电气连接，不用于焊接元件。

助焊（层）膜：涂于焊盘上的用于提高可焊性能的合金层（膜）。

阻焊(层)膜:为了使制成的板子适应波峰焊等焊接形式,要求板子上没有焊盘处的铜箔不能粘锡,在焊盘外的各部位涂覆一层绿色阻焊剂。阻焊剂是一种耐高温涂料,除了焊盘和元器件的安装孔外,印制电路板的其他部位均在阻焊层之下。

丝印层:印制在元件面上的一种不导电的图形,代表一些元器件的符号和标号,用于标注元器件的安装位置,一般通过丝印的方法,将绝缘的白色涂料印制在元件面上。

某印刷电路板的常用术语如图 1.3 所示。

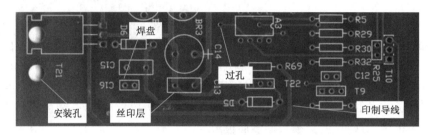

图 1.3 某印刷电路板的常用术语

1.1.4 印刷电路板的简易制作

(1)首先设计好电路原理图,然后转换成印刷电路板图。

(2)下料:根据印刷电路板图决定几何尺寸。

(3)清洁:去除电路板表面的污垢。

(4)描图:将印刷电路图用复写纸复制到电路板上。

(5)涂覆保护层:在焊盘和印制导线上涂上保护液。

(6)腐蚀:将涂有保护层的电路板放入三氯化铁溶液中,去掉不需要的铜箔。

(7)清洗:将残余的溶液用水冲干净。

(8)钻孔:对焊盘穿孔处钻孔。

(9)涂助焊剂。

(10)涂阻焊剂。

1.2 焊接基本知识

焊接在这里主要是指电子产品安装过程中的锡焊。对于焊接技术,国外某著名电子公司的一位高层管理者曾深有体会地说:"谁掌握了优良的焊接技术,谁就真正掌握了市场。"可见,焊接技术在电子产品中的地位是何等的重要。事实上,电子产品无论是在生产过程中还是在使用时所出现的故障多半都是由焊接不良引起的。

焊接技术发展到今,已有多种自动焊接技术,其效率和质量都是手工焊接无法比拟的。但是,这些技术只能在特定的、大批量生产的情况下使用。在一般情况下,还是离不开手工焊接,比如产品的研制、维修、小批量的生产,自动化生产中的特殊元器件的手工分装以及整机组装等,都要依靠手工焊接来完成。另外,掌握手工焊接技术还是一个必要的学习过程,由手工焊接理解了焊接的机理、掌握了焊接过程的要领以后,再去驾驭其他各种自动焊接设备,就一定会得心应手。

1.2.1　焊接的概念及焊接机理

1.焊接的概念

焊接,就是用加热的方式使两件金属物体结合起来。如果在焊接的过程中需要熔入第三种物质,则称之为钎焊,所熔入的第三种物质称为焊料。按焊料熔点的高低又将钎焊分为硬钎焊和软钎焊,通常以450℃为界,低于450℃的称为软钎焊。电子产品安装的所谓焊接就是软钎焊的一种,主要是用锡、铅等低熔点合金作焊料,因此俗称锡焊。

2.锡焊的机理

从物理学的角度来看,任何焊接都是一个扩散的过程,是一个在高温下两个物体表面分子相互渗透的过程。这个概念很重要,充分理解这一点是迅速掌握焊接技术的关键。锡焊,就是让熔化的焊锡渗透到两个被焊物体(比如元器件引脚与印刷电路板焊盘)的金属表面分子中,然后冷凝而使之结合的。锡焊的机理可以由以下三个过程来表述。

(1)浸润。加热后呈熔融状态的焊料(锡铅合金),沿着工件金属的凹凸表面,靠毛细管的作用扩展。如果焊料和工件金属表面足够清洁,焊料原子与工件金属原子就可以接近到能够相互结合的距离,即接近原子引力相互作用的距离,上述过程称为焊料的浸润。

(2)扩散。由于金属原子在晶格点阵中呈热振动状态,所以在温度升高时,它会从一个晶格点阵自动地转移到其他晶格点阵,这种现象称为扩散。锡焊时,焊料和工件金属表面的温度较高,焊料与工件金属表面的原子相互扩散,在两者界面形成新的合金。

(3)界面层结晶与凝固。焊接或焊点降温到室温,在焊接处形成由焊料层、合金层和工件金属表面层组成的结合结构,成为界面层或合金层。冷却时,界面层首先以适当的合金状态开始凝固,形成金属结晶,而后,结晶向未凝固的焊料生长。

应该指出,有些初学者头脑中存在一个错误的概念:他们以为锡焊焊接无非是将焊锡熔化以后,用电烙铁将其涂到(或者说敷到)焊点上,待其冷却凝固即成。他们把焊料看成了糨糊,看成了敷墙的泥,这是不对的。应记住:焊接不是"粘",不是"涂",不是"敷",而是"熔入",是"浸润""扩散",是形成合金层。

1.2.2　锡焊的条件与质量要求

1.锡焊的条件

(1)被焊金属材料必须具有可焊性。可焊性就是可浸润性,它是指被焊接的金属材料与焊锡在适当的温度和助焊剂作用下形成良好结合的性能。在金属材料中,金、银、铜的可焊性较好,其中铜应用最广,铁、镍次之,铝的可焊性最差。为了便于焊接,常在较难焊接的金属材料和合金表面镀上可焊性较好的金属材料,如锡铅合金、金、银等。

(2)被焊金属表面应洁净。金属表面的氧化物和粉尘、油污等会妨碍焊料浸润被焊金属表面。在焊接前可用机械方法(用小刀或砂纸刮引线的表面)或化学方法(酒精等)清除这些杂物。

(3)正确选用助焊剂。助焊剂的种类繁多,效果也不一样,使用时必须根据被焊件材料的性质、表面状况和焊接方法来选取。助焊剂的用量越大,助焊效果越好,可焊性越强,但助焊剂残渣也越多。有助焊剂残渣不仅会腐蚀元器件,而且会使产品的绝缘性能变差。因此在锡焊完成后应清洗除渣。

(4)正确选用焊料。锡焊工艺中使用的焊料是锡铅合金,电子产品的装配和维修中要用共晶合金。

(5)控制好焊接温度和时间。热能是进行焊接必不可少的条件,热能的作用是熔化焊料、提高工件金属的温度、加速原子运动,使焊料浸润工件金属界面,扩散到金属界面的晶格中去,形成合金层。温度过低,则达不到上述要求而难以焊接,造成虚焊。提高锡焊的温度虽然可以提高锡焊的速度,但温度过高会使焊料处于非共晶状态,加速助焊剂的分解,使焊料性能下降,还会导致印刷电路板上的焊盘脱落,甚至损坏电子元器件。合适的温度是保证焊点质量的重要因素。在手工焊接时,控制温度的关键是选用具有适当功率的电烙铁和掌握焊接时间,根据焊接面积的大小,经过反复多次实践才能把握好焊接工艺的这两个要素。焊接时间过短,会使温度太低,焊接时间过长,会使温度太高。一般情况下,焊接时间应不超过3s。

2. 锡焊的质量要求

电子产品的组装其主要任务是在印刷电路板上对电子元器件进行锡焊。焊点的个数从几十个到成千上万个,如果有一个焊点达不到要求,就要影响整机的质量,因此在锡焊时,必须做到以下几点。

(1)电气性能良好。高质量的焊点应是焊料与工件金属界面形成牢固的合金层,才能保证导电性能。不能简单地将焊料堆附在工件金属表面而形成虚焊,这是焊接工艺中的大忌。

(2)焊点要有足够的机械强度。焊点的作用是连接两个或两个以上的元器件,并使电气接触良好。电子设备有时要工作在振动的环境中,为使焊件不松动或脱落,焊点必须具有一定的机械强度。锡铅焊料中的锡和铅的强度都比较低,有时在焊接较大和较重的元器件时,为了增加强度,可根据需要增加焊接面积,或将元器件引线、导线元件先行网绕、绞合、钩接在接点上再行焊接。

(3)焊点上的焊料要适量。焊点上焊料过少,不仅降低机械强度,而且由于表面氧化层逐渐加深,会导致焊点早期失效。焊点上焊料过多,既增加成本,又容易造成焊点桥连(短路),也会掩盖焊接缺陷,所以焊点上的焊料要适量。印刷电路板焊接时,焊料布满焊盘呈裙状展开时最合适,如图1.4所示。

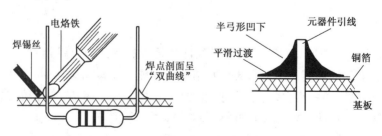

图1.4 典型焊点的外观

（4）焊点表面应光亮均匀。良好的焊点表面应光亮且色泽均匀,这主要是助焊剂中未完全挥发的树脂成分形成的薄膜覆盖在焊点表面,能防止焊点表面氧化。如果使用了消光剂,则对焊点的光泽不做要求。

（5）焊点不应该有毛刺、空隙。焊点表面存在毛刺、空隙不仅不美观,还会给电子产品带来危害,尤其在高压电路部分,将会产生尖端放电而损坏电子设备。

（6）焊点表面必须清洁。焊点表面的污垢尤其是助焊剂的有害残留物质,如果不及时清除,酸性物质会腐蚀元器件引线、接点及印刷电路,吸潮会造成漏电甚至短路燃烧等,而带来严重隐患。

以上是对焊点的质量要求,可以用这六点作为检验焊点的标准。合格的焊点与焊料、焊剂及焊接工具的选用、焊接工艺、焊点的清洗都有着直接的关系。

1.3　焊接工具、焊料与助焊剂

1.3.1　焊接工具

1. 电烙铁

1）电烙铁概述

电烙铁是一种电热器件,通电后能产生300℃的高温,可使焊锡熔化。随着焊接技术的不断发展,电烙铁的种类不断增加,除常用的外热式和内热式外,还有恒温电烙铁、吸锡电烙铁、超声波电烙铁、热风枪等。电烙铁的规格一般用功率来表示,常用规格有20W、30W、35W、50W、100W、300W等多种。功率越大,烙铁头的温度越高。一般来说,焊接小的部件可以采用功率小的电烙铁,焊接大的部件要采用功率大的电烙铁。由于内热式电烙铁的热效率比外热式电烙铁高,选用的时候,内热式电烙铁可以比外热式电烙铁小一个规格。

（1）外热式电烙铁。外热式电烙铁由烙铁头、烙铁芯(电热丝)、烙铁柄、电源线等组成,如图1.5（a）所示。烙铁芯是关键部件,它的最里面是筒管骨架,骨架的外面包一层绝缘用的云母片,电热丝绕在云母片上,匝与匝之间留有一定间隙。绕好一层电热丝包一层云母片,大约有四五层。最外层包一层较厚的云母片,并用镀锌铁丝捆紧。烙铁芯的两根引出线穿过瓷座(单孔瓷管、双孔瓷管)等,分别固定在烙铁柄的两个电源线接线柱上。烙铁柄里还有一个接地线柱,它同电烙铁的外壳相连,最好接上接地保护线,以确保安全。

（2）内热式电烙铁。内热式电烙铁也由烙铁头、烙铁芯、外壳、烙铁柄等组成,如图1.5（b）所示。电热丝绕在瓷管芯的外面,瓷管套再套在它们的外面。烙铁芯的一根引出线从瓷管芯的中心孔引出,另一根线从瓷管芯和瓷套管之间引出。它的烙铁头套在外壳的外面,烙铁芯装在外壳的里面。

外热式和内热式电烙铁的主要区别在于:外热式电烙铁烙铁芯发出的热量是从外向里传给烙铁头的,而内热式电烙铁的烙铁芯发出的热量是从里向外传给烙铁头的。

（3）恒温电烙铁。目前使用的外热式和内热式电烙铁的温度一般都超过了300℃,这对焊接晶体管、集成电路等是不利的。在质量要求较高的场合,通常需要恒温电烙铁。

电子控制式恒温电烙铁是用热电偶作为传感元件来检测和控制烙铁头的温度,如图1.5(c)所示。当烙铁头的温度低于规定时,温控装置内的电子电路控制半导体开关元件或继电器接通电源,给电烙铁通电,使电烙铁温度上升,温度一旦到达预定值,温控装置自动切断电源。如此反复动作,使烙铁头基本保持恒温。

（4）吸锡电烙铁。吸锡电烙铁是将普通电烙铁与活塞式吸锡器融为一体的拆焊工具,如图1.5(d)所示。它的使用方法是电源接通3~5s后,把活塞按下并卡住,将锡头对准欲拆的元器件,待锡熔化后按下按钮,活塞上升,焊锡被吸入管。用毕推动活塞三四次,清除吸管内残留的焊锡,以便下次使用。

（5）热风枪。热风枪又称贴片电子元器件拆焊台。它专门用于表面安装的贴片式电子元器件(特别是多引脚的SMD集成电路)的焊接和拆卸。热风枪由控制电路、空气压缩泵和热风喷头等组成。其中控制电路是整个热风枪的温度、风力控制中心;空气压缩泵是热风枪的心脏,负责热风枪的风力供应;热风喷头是加热部件,用于将空气压缩泵送来的压缩空气加热到可以使焊锡熔化的温度。热风喷头头部还装有可以检测温度的传感器,把温度信号转变为电信号送回电源控制电路板,各种喷嘴用于装拆不同的表面贴片元器件。

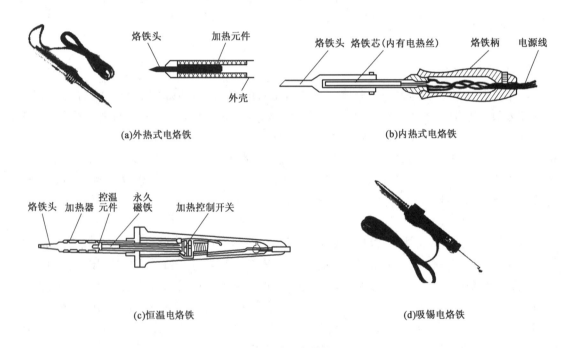

图1.5　几种电烙铁外形图

2) 电烙铁的选用及使用注意事项

电烙铁的选用主要依据电子设备的电路结构形式、被焊元器件的热敏感性、使用焊料的特性等。焊接一般的印刷电路板、安装导线、小功率电阻、晶体三极管、集成电路,维修和调试一般电子产品,用20W内热式、30W外热式或恒温式就可以了。

电烙铁的使用注意事项如下:

（1）使用电烙铁之前，要用万用表欧姆挡测量电源插头两根插脚之间的电阻。测得的电阻值应和烙铁芯电阻的额定值相近。另外，还要用万用表高阻挡（R×1k 或 R×10k）测量插头和外壳之间的绝缘电阻，如果指针不动，或者阻值大于 2MΩ，说明性能良好，可以使用。如果有兆欧表，最好用兆欧表测量。表 1.1 是常用电烙铁芯的电阻值。

表 1.1　常用电烙铁芯的电阻值

电烙铁功率，W	20	30	35	50	70	75	100	150
烙铁芯电阻，kΩ	2.4	1.6	1.4	0.95	0.68	0.63	0.47	0.32

（2）烙铁头的选用。烙铁头按照材料分为纯铜头和合金头。

纯铜头的材料是紫铜，紫铜烙铁头极易氧化，所以，一把新的电烙铁，不能拿来就用，需要先给烙铁头镀上一层焊锡。镀锡之前，先用锉刀把刃口锉平并露出铜色，然后给电烙铁通电，电烙铁要放在松香上，等到松香冒烟，烙铁头开始能熔化焊锡的时候，在烙铁头表面镀上一层焊锡。烙铁头镀上焊锡，不但能保护烙铁头不被氧化，而且使烙铁头传热快，吃锡容易，焊接质量有保证。在焊接的过程中还要经常蘸一点松香，以便及时清除烙铁头上的氧化物，使镀上的焊锡能长期保存在烙铁头上。使用日久烙铁头会变得凹凸不平，这时就要用锉刀锉平，去掉氧化物，重新镀上焊锡。如果不是连续使用，应将烙铁头蘸上焊锡置于烙铁架上，拔下电源插头。否则，由于烙铁头上焊锡过少而氧化发黑，烙铁不再粘锡。总之，在焊接过程中，始终保持烙铁头刃口完整、光滑、无毛刺、无凹槽。

合金头又称为"长寿命"烙铁头，是在紫铜表面镀以纯铁或镍，使用寿命比普通烙铁头高 10～20 倍。这种烙铁头不宜用锉刀加工，以免损坏表面镀层，缩短使用寿命。该种烙铁头的形状一般都已加工成适应于印刷电路板焊接要求的形状。

（3）内热式电烙铁体积小、重量轻、耗电省、价格便宜，但由于装在烙铁内部的烙铁芯绕得很紧凑，绝缘瓷管也比较细，因而机械强度较差，不耐冲击，容易折断，使用时动作要轻，不要随意敲击、铲撬，更不能用钳子夹发热的管子，否则烙铁芯容易损坏，也容易发生意外。

（4）一般握电烙铁就像握钢笔的姿势那样。电烙铁使用间隙，要放在粗铁丝弯成的烙铁架上，烙铁架要离开其他物件远一点，以防烫坏其他物品。

（5）安全知识。一般电烙铁的工作电压都是 220V，使用时一定要注意安全。第一，经常检查电烙铁的电源线是否损坏，如有损坏应及时更换或用绝缘胶布包好。电源线不能使用塑料绝缘线，应该用棉编织物护套的三芯橡胶绝缘线（又称花线），并配三芯插头，使电烙铁的外壳接地，确保安全。第二，使用时，发现烙铁柄松动要及时拧紧，否则容易把电源线与烙铁芯的引出接线柱之间的连接头绞断，发生脱落或短路。发现烙铁头松动要及时紧固。不准甩动使用中的电烙铁，以免焊锡溅出伤人。

2. 尖嘴钳

尖嘴钳的嘴部尖而细长，在打开时，内侧有锯齿状小槽。它适用于夹持比较细小的零件而不至于打滑。尖嘴钳的两个手柄外套着橡皮套，一是起绝缘作用，可耐 500V 的电压；二是起防止打滑作用。尖嘴钳的嘴张开的角度（30°～60°）不大，除夹持小零件、元件、螺母等外，还可用来对元器件引脚整形、剥离印刷电路板上多余的铜箔等。

3. 斜口钳

斜口钳的嘴部较短,刀口是斜面的且比较锋利。斜口钳俗称为"剪线钳",顾名思义,它的用途是用来剪断金属导线。为了保护刀口不受损坏,一般只允许剪线径2mm以下的铜线和其他金属小线径导线。它的手柄同尖嘴钳一样也套有绝缘橡皮套。在元器件焊接完之后,需将多余的引脚剪掉,剪起来灵活且省力的斜口钳这时候大有用处。引脚越密集的地方,其优越性就越明显。有一种在两手柄之间加一弹簧的改进形斜口钳,当它每次剪完元器件引脚后,刀口会自动张开,从而提高了剪脚速度。

4. 剥线钳

剥线钳的功用是剥去导线的绝缘皮层,使金属线裸露出来,以便焊接,具体操作如下:将导线一端所要剥露的位置置于剥线钳的切颚内,握紧两手柄,这时上下切颚闭合将导线钳住;当再次握紧手柄时,上下切颚会自动分开,导线的绝缘皮层也随着被切割剥离,所需部分的金属线也就裸露出来了。

5. 螺丝刀

螺丝刀是旋动螺丝的专用工具。装配简单电子产品时可备用一种木柄75mm的螺丝刀和一种塑料柄的小螺丝刀。前者刀口较宽,可用较大力气紧固螺丝;后者刀口较小,用来旋动细小螺丝。为旋动"+"字螺丝,还需备用一把十字螺丝刀。

6. 镊子

镊子常用有两种:一种是修理钟表用的不锈钢镊子,这种镊子头部细尖,可以用来夹住细小的元器件或导线、引脚等,还可伸入零件内进行装配和焊接。另一种是医用镊子,它头部圆滑,内侧带有锯齿状横槽,使被夹件不易滑动。这种镊子可用于帮助元件引脚弯曲成形;焊接时,夹住元器件引脚帮助固定与散热。

7. 剪刀

在进行电子制作过程中,剪刀可用来剪断多股软线、剥开塑料胶线皮层等。剪刀不能用来剪硬度过大的接线和铁钉,以免损坏刀口。

为了使电子制作工作更加顺利进行,除上述7种工具外,最好还要自己动手制作一些小工具。这些小工具有钩针、中空针管、无感螺丝刀与有磁螺丝刀等。

1.3.2 焊料

能熔合两种或两种以上的金属,使之成为一个整体的易熔金属或合金都可以做焊料。焊料的种类很多,焊接不同的金属使用不同的焊料。在一般电子产品装配中,通常使用锡铅焊料,俗称焊锡。

(1)锡(Sn)。锡是一种质软、低熔点的金属,其熔点为232℃,纯锡较贵,质脆而机械性能差。在常温下,锡的抗氧化能力强,金属锡在高于13.2℃时呈银白色,低于13.2℃时呈灰色,低于−40℃变成粉末。

（2）铅（Pb）。铅是一种浅青色的软金属，熔点为327℃，机械性能差，可塑性好，有较高的抗氧化性和腐蚀性。铅属于对人体有害的重金属，在人体中积聚能引起铅中毒。

（3）锡铅合金。当铅与锡以不同的比例熔成锡铅合金后，熔点和其他物理性能就都会发生变化。

锡铅焊料目前在电子通信及计算机产业中广泛使用。但是，由于铅是有毒物质，一些国家已开始对无铅焊料进行研究。日本的一些公司已率先把无铅焊料用到电视及音响设备器材上。一些跨国公司也将使用无铅焊料的绿色产品，并将它作为促销的工具。

1. 焊锡成分与温度的关系

焊锡成分与温度的关系如图1.6所示，横坐标代表质量的百分比，纵坐标代表温度的变化。A点表示纯铅的熔点327℃，C点表示纯锡的熔点232℃。ABC线称液相线，温度高于这条线时，合金处于液态。ADBEC称固相线，温度低于这条线时合金为固态，在两个三角区内为半熔融状态。图中的B点，含锡量为63%，含铅量为37%，锡铅合金的熔点为183℃。此时合金可由固态直接变为液态，或由液态直接变为固态，这个点称为共晶点。这时的合金称为共晶合金，按共晶合金配制成的锡铅焊料称为共晶焊锡。

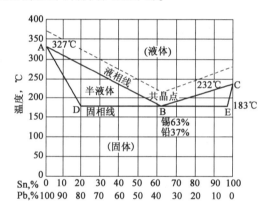

图1.6　锡铅合金状态图

焊锡在整个焊接过程中，铅几乎不起反应，那么为什么还要把铅作为焊料的一种成分呢？因为在锡中加入铅后可获得锡和铅都不具备的优良特性。

2. 共晶焊锡的优良特点

（1）熔点低。铅的熔点为327℃，锡的熔点为232℃，而共晶焊锡的熔点只有183℃，焊接温度低，防止损害元器件。

（2）无半液态。由于熔点和凝固点一致而无半液体状态，可使焊点快速凝固从而避免虚焊。这点对自动焊接有重要的意义。

（3）表面张力低。表面张力低的焊料的流动性强，对被焊物有很好的润湿作用，有利于提高焊点质量。

（4）抗氧化能力强。铅和锡合在一起后，其化学稳定性大大提高了。

（5）机械性能好。共晶焊锡的拉伸强度、折断力、硬度都较大，并且结晶细密，所以机械强度高。

3. 无铅焊料简介

如果用无铅焊料替代有铅焊料,它应在物理性能、铅焊工艺性能、接头的力学性能等方面与锡铅焊料接近,而且成本不能过高。从进展情况来看,有些无铅焊料合金可以直接采用,或对现行工艺做少量改变就可以替代。目前,虽然处于积极开发、积累数据阶段,但是,广泛使用无铅焊料的日期已不遥远。

1.3.3 助焊剂

助焊剂是进行锡铅焊时所必需的辅助材料,是焊接时添加在焊点上的化合物,参与焊接的整个过程。

1. 助焊剂的作用

(1)去除氧化物。为了使焊料与工件表面的原子能充分接近,必须将妨碍两金属原子接近的氧化物和污垢物去除,助焊剂正具有溶解这些氧化物、氢氧化物或使其剥离的功能。

(2)防止工件和焊料加热时氧化。焊接时,助焊剂先于焊料熔化,在焊料和工件的表面形成一层薄膜,使之与外界空气隔绝,起到在加热过程中防止工件氧化的作用。

(3)降低焊料表面张力。使用助焊剂可以减小熔化后焊料的表面张力,增加其流动性,有利于浸润。

2. 助焊剂的种类

常用的助焊剂分为无机类助焊剂、有机类助焊剂和树脂类助焊剂三大类。

(1)无机类助焊剂。无机类助焊剂的化学作用强,腐蚀性大,焊接性能非常好。这类助焊剂包括无机酸和无机盐。由于其具有强烈的腐蚀作用,不宜在电子产品装配中使用,只能在特定场合使用,并且焊后一定要清除残渣。

(2)有机类助焊剂。有机类助焊剂由有机酸、有机类卤化物以及各种胺盐树脂类等合成。这类助焊剂由于含有酸值较高的成分,因而具有较好的助焊性能,但具有一定程度的腐蚀性,残渣不易清洗,焊接时有废气污染,限制了它在电子产品装配中的使用。

(3)树脂类助焊剂。这类助焊剂在电子产品装配中应用较广,其主要成分是松香。在加热的情况下,松香具有去除焊件表面氧化物的能力,同时焊接后形成的膜层具有覆盖和保护焊点不被氧化腐蚀的作用。由于松香渣的非腐蚀性、非导电性、非吸湿性,焊接时没有什么污染,且焊接后容易清洗,成本又低,所以这类助焊剂被广泛使用。

应该注意,松香经过反复加热就会炭化失效,松香发黑是失效的标志。失效的松香是不能起到助焊作用的,应该及时更换,否则会引起虚焊。

1.3.4 阻焊剂

阻焊剂是在印刷电路板上涂覆的阻焊层,它是一种耐高温的涂料或覆膜。除了焊盘和元器件引线孔裸露以外,印刷电路板的其他部位均覆盖在阻焊层之下。阻焊层的作用是限定焊接区域,将不需要焊接的部分保护起来,使焊接只在所需要的部位进行,以防止焊接过程中的搭焊、桥连、短路等现象发生,改善焊接的准确性,减少虚焊,同时还能防护机械损伤,减少潮湿气体和有害气体对板面的侵蚀。

在高密度的锡铅合金、镀镍金印刷电路板和采用自动化焊接工艺的印刷电路板上,为使板面得到保护并确保焊接质量,均需要涂覆阻焊剂。我们常见到的印刷电路板上的绿色涂层即为阻焊层。

1.4 焊接过程与操作步骤

1.4.1 焊接操作五步法

手工烙铁焊接时,一般应按以下五个步骤进行(简称五步操作法),如图1.7所示。

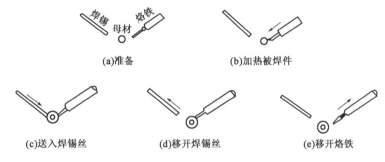

图1.7 五步焊接操作法

(1)准备。将被焊件、电烙铁、焊锡丝、烙铁架准备好,并放置在便于操作的地方。焊前要将元器件的引线刮干净,最好先镀锡再焊。被焊物表面的氧化物、油污、锈斑、灰尘、杂质要清理干净。

(2)加热被焊件。将烙铁头放置在两焊件的连接处,加热整个焊件全体,时间大约 $1 \sim 2s$,要注意使烙铁头同时接触焊盘和元器件的引线。

(3)送入焊锡丝。当焊接面加热到一定的温度时,焊锡丝从烙铁对面接触焊件。注意,不要把焊锡丝送到烙铁头上。

(4)移开焊锡丝。当焊锡熔化一定量后,立即向左45°方向移开焊锡丝。

(5)移开烙铁。焊锡浸润焊盘和焊件的施焊部位以后,向右上45°方向移开烙铁,结束焊接。从第三步开始到第五步结束,时间大约也是 $1 \sim 2s$。

1.4.2 焊接操作的具体手法

在保证得到优质焊点的目标下,具体的操作手法可以因人而异,但下面这些前人总结的方法,对初学者的指导作用是不可忽略的。

1. 保持烙铁头的清洁、平整

焊接时,烙铁头长期处于高温状态,又接触助焊剂等酸性物质,其表面很容易氧化并粘上一层黑色杂质,这些杂质形成隔热层,妨碍了烙铁头与焊件之间的热传导,因此,要注意随时清除烙铁头上的杂质。用一块湿布或湿海绵随时擦拭烙铁头,也是常用的方法之一。对于普通烙铁头,在污染严重时,可以用锉刀锉去表面的氧化层,对于长寿命烙铁头,就绝对不能使用这种方法了。

2. 元器件引线的可焊性处理——镀锡

为了提高焊接质量和速度,避免虚焊等缺陷,应该在焊接前对焊接表面进行可焊性处理——镀锡。在电子元器件的待焊面(引线或其他需要焊接的地方)镀上焊锡,是焊接之前一道十分重要的工序,尤其是对一些可焊性差的元器件,镀锡是至关紧要的。

镀锡,实际就是液态焊锡对被焊金属表面浸润,形成一层既不同于被焊金属又不同于焊锡的结合层,由这个结合层将焊锡与待焊金属这两种性能、成分不相同的材料牢固连接起来。有人认为,既然在锡焊时使用助焊剂助焊,就可以不注意待焊表面的清洁,这是错误的想法。因为这样会造成虚焊之类的焊接隐患。实际上,助焊剂的作用主要是在加热时破坏金属表面的氧化层,但它对锈迹、油迹等不起作用。各种元器件、焊片、导线等都可能在加工、存储的过程中带有不同的污物。对于较轻的污垢,可以用酒精或丙酮擦洗;严重的腐蚀性污点,只有用刀刮或用砂纸打磨等机械办法去除,直到待焊面上露出光亮的金属本色为止。

在非专业条件下进行装配焊接,首先要仔细观察元器件的引线原来是哪种镀层。一般引线上常见的镀层有银、金和锡铅合金镀层等几种材料。镀银引线容易产生不可焊接的黑色氧化膜,必须用小刀轻轻刮去,直到露出导线的紫铜表面;如果是镀金引线,因为其基材难于镀锡,注意不要把镀金层刮掉,可以用橡皮擦去引线表面的污物;镀锡铅合金的引线可以较长时间内保持良好的可焊性,所以新购买的正品元器件,可以免去对引线的清洁和镀锡工艺。

电子制作中常用的导线有漆包线和塑料导线,下面分别介绍其上锡的方法。

(1)漆包线的上锡。漆包线上锡的方法是先用小刀将漆包线表面的漆层刮掉,将漆层刮掉的漆包线放在松香上,然后再将电烙铁碰锡,把电烙铁放在漆包线上来回移动,同时也转动漆包线,使漆包线四周都上好锡,即漆包线上锡的位置变为银白色,就可使用了。

(2)塑料导线的上锡。在电子制作中,常要用到塑料导线,它分为单股和多股软芯导线两种。给塑料导线上锡时,要先剥掉线端的绝缘塑料层,方法是首先把塑料导线的一端紧贴在热的电烙铁头上,同时转动塑料线,将塑料外层某处的一圈烫断,然后等烫软的塑料外层稍凉后,顺势用手一拉,即可露出金属线。如果是多股铜芯导线,还要捻成麻花状。塑料导线剥制好后,其上锡的方法是如金属导线没有氧化,可直接将金属导线放在松香上,用带有锡的电烙铁头放在其上来回移动,同时也转动导线,使导线四周都上好锡;如金属导线已氧化,那么其上锡的方法与漆包线上锡的方法相同。

(3)元器件引线的上锡。在电子制作中要用到电阻、电容、二极管等元器件,其引线上锡的方法是:先刮除引线的氧化层(如果引线很新,可不刮除氧化层),然后上锡。在进行上锡操作时,要特别注意安全用电,每次操作前首先检查工具的绝缘情况,操作时人体不能接触220V交流电源,发现问题要切断电源。在操作时,还要防止划伤、烫伤等。在刮除导线氧化层、漆层时,不要刮伤桌面,操作时要养成良好的习惯。

3. 靠增加接触面积来加快传热

加热时,要让焊件之间均匀受热,而不是仅仅加热焊件的一部分,更不要采用烙铁对焊件增加压力的办法,以免造成损坏或不易觉察的隐患。焊接时,烙铁头与引线、印刷电路板的铜箔之间的接触位置如图1.8所示,图(a)中烙铁头与引线接触而不与铜箔接触,图(b)中烙铁头与铜箔接触而不与引线接触,这两种情况将造成热的传导不均衡。图(c)中烙铁头与引线和铜箔同时接触,这是正确的焊接法。

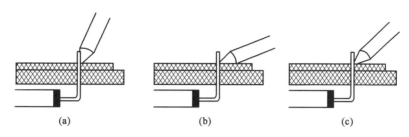

图1.8　焊接时烙铁头的位置

4. 加热要靠焊锡桥

所谓的焊锡桥,就是靠烙铁头上保留少量焊锡,作为加热时烙铁头与焊件之间传热的桥梁。由于金属溶液的导热效率远远高于空气,使焊件很快就被加热到焊接温度。应该注意,作为焊锡桥的锡量不可保留过多,以免造成焊点误连。

5. 烙铁撤离有讲究

烙铁撤离要及时,而且撤离时的角度和方向与焊点形成有关。

6. 在焊锡凝固之前不能动

切勿使焊件移动或受到震动,特别是用镊子夹住焊件时,一定要等焊锡凝固后再移走镊子,否则极易造成虚焊。

7. 焊锡的用量要适中

过量的焊锡不但无必要地消耗了较贵的锡,而且还增加焊接时间,降低工作速度。更为严重的是,过量的锡很容易造成不易觉察的短路故障。焊锡过少也不能形成牢固结合,同样是不利的。特别是焊接印刷电路板的引出线时,焊锡量不足,极易造成导线脱落。

8. 不要使用烙铁头作为运载工具

有人习惯用烙铁头沾上焊锡再去焊接,结果造成焊料氧化。因为烙铁尖的温度一般都在300℃以上,焊锡丝中的助焊剂在高温中容易分解失效,从而影响焊接质量。

1.5　焊接质量检查与缺陷分析

1.5.1　焊接质量检查

目前,焊接点质量的好坏,还只能从外观上判断,要想从众多的焊接点中百分之百地查出有质量问题的焊接点,可以说是不可能的。例如,由于焊接工艺掌握不当,使焊料与被焊工件表面未完全形成合金层的虚焊就很难从外观上发现。虚焊的焊接点是靠金属面互相接触,在短期内可能会较可靠地通过额定电流,即使用仪器也可能无法查出问题,但时间一长,未形成合金层的表面氧化,就会出现通过的电流变小或时断时续,甚至断路的情况。此时焊接点表面未发生变化,用眼睛仍然不容易检查出来,即使用仪器也不容易从众多的焊接点中准确地判断出来。焊接是把组成电子产品整机的元器件可靠地连接在一起的主要方法。焊接的质量直接影响到电子产品整机的性能质量。一台电子产品,焊接点的数量远远超过元器件的数量。每一个焊接点的质量都影响到整台产品的稳定性、可靠性。由于一个或几个小小的焊接点的问题而造成整台电子产品无法正常工作的现象时常发生,甚至酿成事故的可能性也是存在的。

1.5.2 焊接缺陷分析

上面所述,说明了焊接质量直接影响到电子产品质量的重要性。常见焊接缺陷示意图如图1.9所示。下面就焊接中常见的缺陷、产生的原因及如何防止缺陷进行分析。

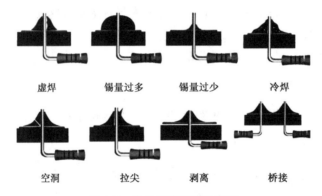

图1.9 常见焊接缺陷示意图

（1）虚焊与假焊。虚焊和假焊并没有严格的界线,它们的主要现象就是焊锡与被焊金属表面没能真正形成合金层。表现为仅仅是接触或不完全接触,也可统称为虚焊。虚焊是焊接工作中常见的缺陷,也是最难查出的焊接质量问题。产生虚焊的原因较多:

①被焊金属表面温度未达到焊料熔化温度,焊料只是直接接触烙铁头被熔化,堆附在焊接面上。

②被焊金属表面氧化严重或存在污染物。移开太早,使它们未能浮到表面,这种虚焊有时也称为松香焊。

③在焊料与被焊金属间形成一层助焊剂膜及被溶解的氧化物或污染物,其原因是烙铁头焊接过程中,焊料尚未完全凝固,被焊导线或引线移动,这种虚焊还存在外表灰暗无光泽、结构松散、有细小裂缝等情况,有时也称为冷焊。

要防止虚焊应做到:被焊金属预先搪锡,在印制电路板焊盘上镀锡或涂助焊剂,掌握好焊接温度和时间,焊接过程中要避免被焊金属件的移动。如怀疑是虚焊,必要时可以添加助焊剂进行重焊。

（2）拉尖。拉尖即焊接点上有焊料尖角突起,可能是烙铁头移开太早、熔接点温度太低造成的。但多数原因是烙铁头移开太迟,焊接时间过长,助焊剂被汽化,这种情况,只要添加助焊剂重新焊接即可。

（3）桥连。在印制电路板焊接时,不应相通的电路铜箔间出现了意外连接,这种现象称为桥连。这是焊接中的大忌,易造成电路间的短路。轻则会损坏元器件、影响产品性能,重则会发生事故。桥连一般发生在密度较高的印制电路板焊接中,常因烙铁头移开时焊料拖尾所致。有时焊料用得过多,漫出焊盘,电路造成桥连。解决的方法很简单,只要添加助焊剂,用电烙铁烫开即可。

（4）空洞。空洞是由于焊料未完全填满印制电路板焊盘而形成的。其原因往往是印制电路板焊盘开孔位置偏离中心、焊盘不完整、浸润不完全等。有空洞的焊点因强度减弱,在使用中容易脱焊,可应用适当的技巧重焊。

（5）堆焊。焊点因焊料过多和浸润不良未能布满焊盘而形成弹丸状。引起堆焊的原因主要是引线或焊盘氧化而浸润不良、焊点加热不均匀、焊料过多等。可将印制电路板翻过来,用电烙铁吸去部分焊料,添加助焊剂重新焊接即可。

（6）铜箔翘起、剥离。铜箔从印制电路板上翘起、剥离,严重的甚至完全断裂。主要原因是在手工焊接时,未能掌握好操作要领、焊点过热、多次焊接、焊盘受力等。只有加强训练,反复练习,熟练掌握焊接要领,才能避免这种差错的出现。

采用锡铅焊料的焊接,为保证质量,焊接时都要使用助焊剂。助焊剂在焊接过程中一般并不能充分挥发,经反应后的残留物会影响电子产品的电性能和"三防"性能(防潮湿,防烟雾,防霉菌),尤其是使用活性较强的助焊剂时,其残留物危害更大,焊接后的助焊剂残留物往往还会黏附一些灰尘或污物、吸收潮气,增加危害。因此,焊接后一般要对焊接点进行清洗,对有特殊要求的高可靠性产品的生产中更要做到这一点。

清洗是焊接工艺的一个组成部分。一个焊接点既要符合焊接质量要求,也要符合清洗质量要求,这样才算一个完全合格的焊接点。当然对使用无腐蚀性助焊剂和要求不高的产品也可不进行清洗。

目前较普遍采用的清洗方法有液相清洗法和气相清洗法两类。有用机械设备自动清洗,也有手工清洗。不论采用哪种清洗方法,都要求清洗材料只对助焊剂的残留物有较强的溶解能力和去污能力,而对焊接点无腐蚀作用。为保证焊接点的质量,不允许采用机械方法刮掉焊接点上的助焊剂残渣或污物,以免损伤焊接点。

1.6　手工拆焊技术

在电子产品的生产过程中,不可避免地要因为装错、损坏或因调试、维修的需要而拆换元器件,这就是拆焊,也叫解焊。在实际操作中拆焊比焊接难度高,如拆焊不得法,很容易造成元器件损坏、印制导线断裂和焊盘脱落等。尤其是在更换集成电路时,就更加困难。因此,手工拆焊技术是焊接工艺中一个重要的工艺手段。

1.6.1　拆焊的原则

拆焊的步骤一般与焊接的步骤相反,拆焊以前一定要弄清楚原焊接点的特点,不要轻易动手。

（1）不损坏拆除的元器件、导线、原焊接部位的结构件。

（2）拆焊时不可损坏印刷电路板上的焊盘与印制导线。

（3）对已判断为损坏的元器件,可先行将引线剪断,再行拆除,这样可减少其他损伤的可能性。

（4）在拆焊过程中,应尽量避免拆动其他元器件或变动其他元器件的位置,如确实需要,要做好复原工作。

1.6.2　几种拆焊方法

1.分点拆焊法

如图1.10（a）所示,如果两个焊点相距较远,可用电烙铁分点加热,然后用镊子拔出。本实训,首先要做的就是拆焊。由于是第一次接触电烙铁,刚开始拆焊时,动作要轻,不要用力过猛,不要过分地用力拉、摇、扭,这样会损坏元器件和焊盘。同时拆焊时,一定要细心、安全地操作,等焊盘上的焊锡熔化了,用镊子轻轻地就可以拔出元器件,避免烫伤身体部位。

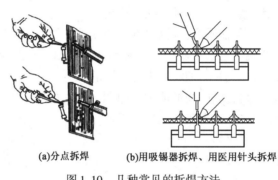

(a)分点拆焊　　**(b)用吸锡器拆焊、用医用针头拆焊**

图1.10　几种常见的拆焊方法

2.用合适的医用空心针拆焊

将医用空心针锉平,作为拆焊工具,具体方法是:一边用烙铁熔化焊点,一边把针头套在被焊的元器件引线上,直到焊点熔化后,将针头迅速插入印刷电路板的孔内,使元器件的引脚与印刷板焊盘脱开。

3.用编织线进行拆焊

用编织线的部分涂上松香焊剂,然后放在将要拆焊的焊点上,再把电烙铁放在铜编织线上加热焊点,焊点上的焊锡熔化后,就被铜编织线吸去,一次未吸完可进行多次,直到吸完为止。

4.用吸锡器进行拆焊

如图1.10（b）所示,先将吸锡器里面的气压出并卡住,再对被拆的焊点加热,使焊盘上的焊料熔化。然后把吸锡器的吸嘴对准熔化的焊料,按一下吸锡器上的小凸点,焊料就被吸进吸锡器内。

5.采用专用的拆焊电烙铁拆焊

专用电烙铁能一次完成多引线元器件的拆焊,而且不易损坏印刷电路板及其周围的元器件,如集成电路、中频变压器等就可用专用拆焊烙铁拆焊。拆焊时,应注意加热时间不能过长。

当焊料一熔化,应立即取下元器件,同时拿开专用烙铁,如加热时间过长,就会使焊盘脱落。

6.用吸锡电烙铁拆焊

吸锡电烙铁也是一种专用的拆焊烙铁,它能在对焊点加热的同时,把锡吸入内腔,从而完成拆焊。为保证拆焊的顺利进行,应注意以下几点:

(1)烙铁头加热被拆焊点时,焊料一熔化,就及时按垂直印刷电路板的方向取出元器件的引线,不要强行拉出或扭转元器件,以免损伤印刷电路板和其他元器件。

(2)对于集成电路拆焊更要注意,因为集成电路引脚多,拆焊时要一根一根地把引脚加热、熔锡、吸走熔锡后才能拆卸下集成电路,有条件的可用集成块拆卸刀或热风枪拆焊。

(3)当插装新元件时,必须把焊盘插线孔内的焊料清除干净,否则将造成焊盘翘起。清除焊盘插线孔内焊料的方法,可以用针头加热,用穿插的方法,也可以用吸锡器或吸锡烙铁吸干净残余焊锡。

1.6.3 拆焊操作注意事项

拆焊是一件细致的工作,不能马虎从事,否则将造成元器件损坏、印制导线及插线孔(金属化孔)断裂或焊盘脱落等不应有的损失。

(1)严格控制加热的时间与温度。一般元器件及导线绝缘层的耐热性较差,受损元器件对温度更是十分敏感。在拆焊时,如果时间过长,温度过高会烫坏元器件,甚至会使印制电路板的焊盘翘起或脱落,进而给继续装配造成很多麻烦。因此,一定要严格控制加热的时间与温度。

(2)吸去拆焊点上的焊料。拆焊前,应用吸锡工具吸去焊料,有时可以直接将元器件拔下。即使还有少量锡连接,也可以减少拆焊的时间,以减少元器件及印制电路板损坏的可能性。在没有吸锡工具的情况下,则可以将印制电路板或能移动的部件倒过来,用电烙铁加热拆焊点,利用重力原理,让焊锡自动流向烙铁头,这也能达到部分去锡的目的。

(3)拆焊时不要用力过猛。塑料密封器件、瓷器件和玻璃端子等在加温情况下,强度都会有所降低,因此拆焊时不能用力过猛,否则会造成器件和引线脱离或铜箔与印制电路板脱离。

(4)不要强行拆焊。不要用电烙铁去撬或晃动焊点,不允许用拉动、摇晃或扭动等办法强行拆除焊点。

1.6.4 拆焊后的重新焊接

拆焊后一般都要重新焊上元器件或导线,操作时应注意几个问题:

(1)重新焊接的元器件引线和导线的剪切长度、离底板或印制电路板的高度、弯折形状和方向,都应尽量保持与原来的一致,使电路的分布参数不致发生大的变化,以免使电路的性能受到影响,尤其对于高频电子产品更要重视这一点。

(2)印制电路板拆焊后,如果焊盘孔被堵塞,应先用锥子或镊子尖端在加热下,从铜箔面将孔穿通,再插进元器件引线或导线进行重焊。不能用元器件引线从基板面穿孔,这样很容易使焊盘铜箔与基板分离,甚至使铜箔断裂。

(3)拆焊点重新焊好元器件或导线后,应将因拆焊需要而弯折、移动过的元器件恢复原状。

1.7 自动焊接技术简介

随着电子技术的不断发展,电子设备朝多功能、小型化、高可靠性方向发展,电路变得越来越复杂,设备组装的密度越来越大,手工焊接已很难满足高效率的要求。自动焊接技术是为了适应印制电路板的发展而产生的,它大大地提高了生产效率,当前已成为印制电路板焊接的主要方法,在电子产品生产中得到普遍使用。

1.7.1 浸焊

浸焊是将插好元器件的印制电路板浸入熔化的锡锅内,一次完成所有焊点焊接的方法。这种方法比手工焊接操作简便、效率高,适用于批量生产。浸焊包括手工浸焊和机器自动焊接两种形式。

手工浸焊由操作人员手持夹具将已插好元器件、涂好助焊剂的印制电路板浸入锡锅中焊接,操作过程如下:

(1)锡锅准备。锡锅熔化焊锡的温度以 230～250℃为宜,为了及时去除焊锡层表面的氧化层,应随时加入松香助焊剂。

(2)涂覆助焊剂。将插好元器件的印制电路板浸渍松香助焊剂。

(3)浸锡。用夹具夹住印制电路板的边缘,以与锡锅内的焊锡液成 30°～45°的倾角,且与焊锡液保持平行浸入锅内,浸入的深度以印制板厚度的 50%～70%为宜,浸锡时间约 3～5s,浸锡完成后仍按原浸入的角度缓慢取出,如图 1.11(a)所示。

(4)冷却。刚焊接完成的印制电路板上有大量的余热未散,如不及时冷却,可能会损坏印制电路板上的元器件,可采用风冷或其他方法降温冷却。

(5)检查焊接质量。焊接后可能会出现连焊、虚焊、假焊等,可用手工焊接补焊或重新浸焊。但印制电路板只能浸焊两次,否则,会造成印制电路板变形、铜箔脱落,元器件性能变差。

自动浸焊是把插装好元器件的印制电路板用专用夹具安装在传送带上,首先喷上泡沫助焊剂,再用加热器烘干,然后放入熔化的锡锅进行浸锡,待锡冷却凝固后再送到剪腿机剪去过长的脚,工艺流程如图 1.11(b)所示。

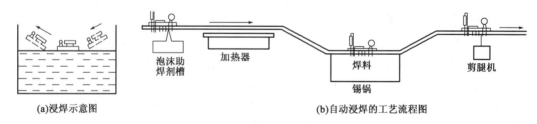

(a)浸焊示意图　　　　　　　　　　　　　(b)自动浸焊的工艺流程图

图 1.11　浸焊与自动浸焊

1.7.2 波峰焊

波峰焊是目前应用最广泛的自动化焊接工艺。波峰焊采用波峰焊机进行焊接。波峰焊机的主要结构是一个温度能自动控制的熔锡缸,缸内装有机械泵和具有特殊结构的喷嘴。机械泵能根据焊接的要求,连续不断地从喷嘴压出液态锡波。当置于传送机构上的印制电路板以一定的速度进入时,焊锡以波峰的形式溢出至印制板面而进行焊接。由于焊件与焊锡波峰接触,减少氧化物和污染物,所以焊接质量较高。

波峰焊流水线是现代化生产流水线的一部分。从插件台送来的插好元器件的印制电路夹具,被传送到接口控制器上,经涂覆助焊剂,预热,然后在波峰机焊上进行焊接,焊接后经冷却,切除多余的焊线,最后清洗电路板,送下道工序。下面介绍波峰焊设备的主要部分的功能。

(1)泡沫助焊剂发生槽。这个装置是把助焊剂均匀地涂覆在印制电路板上,采用的是发泡式,即把助焊剂变成助焊剂的泡沫状。图1.12(a)是泡沫助焊剂发生槽的结构,在塑料或不锈钢制成的槽缸内装有一根微型发泡瓷管或塑料管,槽内盛有助焊剂。当发泡管接通压缩空气时,助焊剂即从微孔内喷出细小的泡沫,喷射到印制电路板覆铜的一面。

(2)气刀。它由不锈钢管或塑料组成,上面有一排小孔,向着印制电路板表面喷出压缩空气,将板面上多余的助焊剂排除,并将元器件引脚和焊盘间的真空气泡吹破,使整个焊面皆喷涂助焊剂,以提高焊接质量。

(3)热风器和两块预热板。热风器的作用是将印制电路板焊面上的水淋状助焊剂逐渐加热,使其成糊状,增加助焊剂的活性物质作用,同时也逐步缩小印制电路板的锡槽焊料的温差,防止印制电路板变形和助焊剂脱落。

热风器的结构简单,如图1.12(b)所示,一般由不锈钢板制成箱体,上加百叶窗,其箱体底部安装一个小型风扇,中间安装加热器。当风扇叶转动时,空气通过加热器后形成气流,经过百叶窗对印制电路板进行预加热,温度一般控制在40~45℃。

预热板的热源有多种,如用电热丝、红外石英管等。对预热板的技术要求是加热要快,对印制电路板加热温度要均匀、节能且温度易控制。一般要求第一块预热板使印制电路板焊盘或金属化孔(双层板)温度达到80℃左右,第二块温度达到100℃左右。

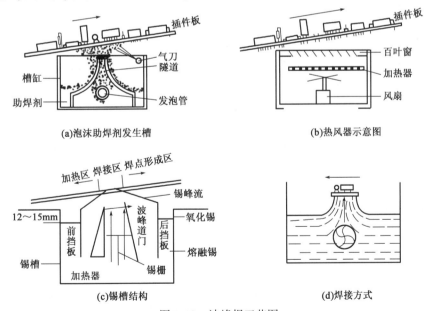

(a)泡沫助焊剂发生槽　　　　　　(b)热风器示意图

(c)锡槽结构　　　　　　(d)焊接方式

图1.12　波峰焊工艺图

(4)波峰焊锡槽。波峰焊锡槽是完成印制电路板波峰焊接的主要设备之一。熔化的焊锡在机械泵(或电磁泵)的作用下由喷嘴源源不断喷出而形成波峰,当印制电路板经过波峰焊时元器件被焊接,如图1.12(c)(d)所示。

1.7.3　再流焊

再流焊,也叫回流焊,是伴随着微型化电子产品的出现而发展起来的新的锡焊技术,目前主要应用于表面安装片状元器件的焊接,如图 1.13 所示。再流焊就是先把焊料加工成一定粒状的粉末,加上适当的液态黏合剂,使之成为具有一定流动性的糊状焊膏,用它将元器件粘在印制电路板上,通过加热使焊膏中的焊料熔化而再次流动,从而达到将元器件焊接到印制电路板上的目的。

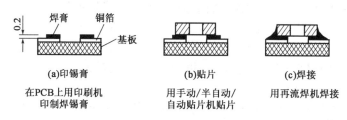

(a)印锡膏　　　　　　　(b)贴片　　　　　　　(c)焊接
在PCB上用印刷机　　用手动/半自动/　　用再流焊机焊接
印制焊锡膏　　　　　自动贴片机贴片

图 1.13　再流焊工艺

在再流焊工艺中,可以使用手工、半自动或自动丝网印刷机,像油印一样将糊状焊膏(由锡铅焊料、黏合剂、抗氧化剂组成)印到印制电路板后,再将元器件与印制电路板粘接,然后在加热炉中将焊膏加热到液态。加热的温度根据焊膏的熔化程度准确控制(一般锡铅合金焊膏的熔点为 223℃)。在整个焊接中,印制电路板需经过预热区、再流焊区和冷却区。焊接完毕经测试合格后,还应对电路板进行整形、清洗、烘干并涂覆防腐剂。

1.7.4　表面安装技术

表面安装技术(Surface Mounting Technology,简称 SMT)是将表面安装形式的元器件,用专用的胶黏剂或者焊膏固定在预先制作好的印刷电路板上,在元器件的安装面实现安装。所以,SMT 是一种先进的电子制造技术之一。

由于表面安装元器件本身无引线或者引线极短,所以它与传统的通孔安装(Through Hole Technology,简称 THT)方式不同。采用表面安装技术有以下特点:(1)极大地提高了印刷电路板的安装密度,有效地利用了印制基板的空间,使电子设备进一步小型化、多功能化;(2)由于表面安装元器件无引线或者引线极短,减少了分布参数的影响,改善了电路的高频性能,同时装配结构的抗震动、抗冲击力强,所以设备的可靠性得到提高;(3)减少安装工序,提高生产效率,生产的自动化程度更高。SMT 的波峰焊工艺如图 1.14 所示。

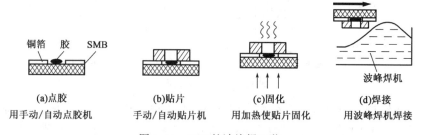

(a)点胶　　　　　　(b)贴片　　　　　　(c)固化　　　　　　(d)焊接
用手动/自动点胶机　手动/自动贴片机　用加热使贴片固化　用波峰焊机焊接

图 1.14　SMT 的波峰焊工艺

第2章 常用电子测量仪器

2.1 数字万用表

万用表又称多用表,可以用来测量电压、电流、电阻、电容等常用电参数,测试三极管、二极管和电路通断等,是一种多功能、多量程的便携式仪表,主要用于物理、电气、电子等测量领域。常用的万用表主要有模拟式(指针式)万用表和数字万用表。数字万用表是目前最常用的一种数字仪表,其主要特点是准确度高、分辨率强、测试功能完善、测量速度快、显示直观、过滤能力强、耗电省、便于携带。

数字万用表的显示位数通常为三位半到八位半,位数越多,一般代表测量精度越高,价格也越高。所谓"N 位半",指可以显示 N 个完整位(0～9),而其最高位只能显示 0 或 1,所以称为半位。目前常用的数字万用表有三位半和四位半两种,其中三位半数字万用表可以显示 –1999～+1999,四位半则可以显示 –19999～+19999。

2.1.1 数字万用表的工作原理

数字万用表的基本结构如图 2.1 所示,主要由功能选择旋钮、测量电路以及数字式电压基本表三部分组成。功能选择旋钮用来选择各种不同的测量线路,选择被测电量的种类和量程(或倍率),以满足不同种类和不同量程的测量要求。功能选择旋钮一般是一个圆形拨盘,在其周围分别标有功能和量程。测量电路用来将不同性质和大小的被测量转换为表头所能接受的直流电压,由电阻、半导体元件及电池组成,它将各种不同的被测量(如电流、电压、电阻等)、不同的量程经过一系列的处理(如整流、分流、分压等),统一变成一定量限的微小直流电压送入数字式电压基本表进行测量。数字式电压基本表的任务是用 A/D 转换器把被测的电压模拟量转换成数字量,并送入计数器中,再通过译码器变换成 LCD 段码信息,最后驱动显示器显示出相应的数值。

数字万用表的基本工作原理是:转换电路将被测量转换成直流电压信号,再由 A/D 转换器将电压模拟量转换成数字量,然后通过电子计数器计数,最后把测量结果以数字形式直接显示在显示屏上。电压、电流和电阻功能通过转换电路实现,电流、电阻的测量都是基于电压的测量,也就是说数字万用表是在数字直流电压表的基础上扩展而成的。为了能够测量交流电压、电流、电阻、电容、二极管正向压降、晶体管放大倍数等电量,必须增加相应的转换器,将被测电量转换成直流电压信号,再由 A/D 转换器转换成数字信号,并以数字形式显示出来。

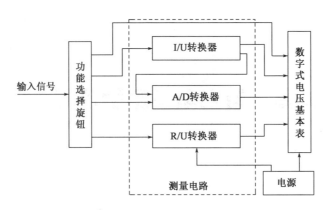

图 2.1　数字万用表的基本结构

2.1.2　DT9205A 数字万用表的使用方法

DT9205A 数字万用表是一种操作方便、读数精确、功能齐全、体积小巧、携带方便的手持式数字万用表,可用来测量交/直流电压、交/直流电流、电阻、电容、二极管正向导通电压、三极管电流放大系数、电路通断等,同时具有自动关机功能(约 15min)。

1. 面板介绍

DT9205A 控制面板如图 2.2 所示,主要由液晶显示屏、功能选择旋钮、电压电阻测试插孔、电流测试插孔、三极管测试插孔以及公共测试插孔组成,各部分含义如下。

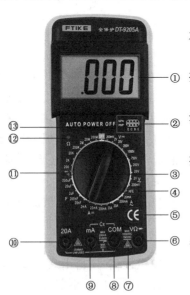

图 2.2　DT9205A 控制面板

① 屏幕显示区:该仪表是三位半式数字万用表,数字显示由 0000～1999,最高位只有 0 或 1 两种状态。

② 三极管测试插座:根据三极管类型插入 PNP 或 NPN 插孔测 β 值。

③ 功能量程旋钮(转换开关):打在不同挡完成不同测量。

Ω:电阻挡;F:电容挡;A $\overline{}$:直流电路挡;A～:交流电流挡;V $\overline{}$:直流电压挡;V～:交流电压挡。

④ 三极管电流放大倍数:hFE 挡。

⑤ 符合欧盟安全标准。

⑥ VΩ ➤端子:用于电压、电阻、通断性、二极管、电容等测量的输入端子。

⑦ 重要的安全信息,请参阅说明书。

⑧ COM 公共端:适应于所有测量的公共接线端。

⑨ mA 端子:用于交流电和直流电的 mA 测量(最高可测量 200mA)的输入端子。

⑩ 20A 端子:用于交流电和直流电的 mA 测量(最高可测量 20A)的输入端子。

⑪ 二极管、蜂鸣挡: ➤显示二极管的正向压降;◦))):蜂鸣器。

⑫ 通断指示灯。
⑬电源开关。

2. 使用方法

在使用万用表进行测量之前,应先检查电池和熔断器是否安装完好,并认真检查表笔及导线的绝缘是否良好,以避免电击;还要特别注意表笔的位置是否插对,测量电路是否正确连接;在进行测量时,要注意功能选择旋钮是否置于相应的挡位上;请勿输入超过规定的极限值,以防电击和损坏仪表;在测量高于 60V 直流、40V 交流电压时,应小心谨慎,防止触电。

下面以电压测量、电流测量、电阻测量、二极管和电路通断测量方法、三极管参数测试为例,介绍数字万用表 DT9205A 的基本使用方法及注意事项。

1)电压测量

电压测量方法如下:

(1)将黑表表笔插入"COM"插孔,红表笔插入电压电阻测试插孔("V/Ω ▶+")。

(2)根据待测电压的性质,将功能选择旋钮旋至"V $\underline{\cdots}$"(直流电压)或"V ~ "(交流电压)量程范围,将测试表笔并接到待测负载或信号源上,在显示电压读数时,同时会指示出红表笔的极性。

测量电压时,应注意:(1)当被测电压范围未知时,应将功能选择旋钮置于最大量程并根据实际情况逐渐下调;(2)如果只在左边(最高位)显示"1",表示已超过量程,需调高一挡,调挡时应停止测试;(3)不要测量高于最大量程的直流电压和交流电压,虽然可能读取读数,但可能损坏内部电路;(4)测量直流电压时,无负号表示红表笔接的是正极,有负号则相反,测量交流电压时,显示值为正弦有效值;(5)万用表输入阻抗为 10MΩ,过载保护电压为 1000V,测量高压时应避免触电,万用表的频率响应为 40 ~ 1000Hz。

2)电流测量

电流测量方法如下:

(1)将黑色表笔插入"COM"插孔,当被测电流在 200mA 以下时,红表笔插入"mA"插孔;当被测电流在 200mA ~ 20A 范围内,将红表笔插入"20A"插孔。

(2)根据待测电流的性质,将功能选择旋钮旋至"A $\underline{\cdots}$"(直流电流)或"A ~ "(交流电流)量程范围,将测试表笔串入待测电路中,在显示电流读数时,同时会指示出红表笔的极性。

测量电流时,应注意:(1)当被测电流范围未知时,应将功能选择旋钮置于最大量程并根据实际情况逐渐下调;(2)如果只在左边(最高位)显示"1",表示已超过量程,需将功能选择旋钮置于更高量程,过载将会烧坏熔断器;(3)特别强调,测量电流时一定要将表笔串联接入待测电路,否则可能损坏万用表或电路元器件;(4)测量直流电流时,无负号表示电流由红表笔流向黑表笔,有负号则相反,测量交流电流时,显示值为有效值。

3)电阻测量

电阻测量方法如下:

(1)将黑色表笔插入"COM"插孔,红表笔插入电压电阻测试插孔(V/Ω ▶+)。

(2)将功能选择旋钮旋至所需 Ω 量程范围,将测试表笔跨接在被测电阻两端,读取显示屏上的电阻值。

测量电阻时,应注意:(1)当无输入即开路时,会显示已超过量程范围的状态,仅显示最高位"1";(2)如果被测电阻值超出所选择量程,将显示"1",需要选择更大量程,对于大于1MΩ的电阻,要几秒后读数才能稳定;(3)测量在线电阻时,要确认被测电路所有电源已关断及所有电容都已经完全放电时才可进行;(4)测量高阻值电阻时,应尽可能将电阻值插入"V/Ω ➡│–"和"COM"插孔,长线在高阻测量时容易感应干扰信号,使读数不稳定。

4)二极管和电路通断测量方法

二极管测量方法如下:

(1)将黑色表笔插入"COM"插孔,红表笔插入电压电阻测试插孔(V/Ω ➡│–)(红表笔为内电路的"+"极,黑表笔为"–"极)。

(2)将功能选择旋钮旋至"∘)) ➡│–"挡。

(3)测量二极管时,则将测试笔跨接在被测二极管上。从显示屏上直接读取被测二极管的近似正向PN结压降值(单位为mV);当被测二极管开路或极性接反时,显示屏将显示"1"。

还应该注意:(1)在正常情况下,硅二极管的正向压降为0.5~0.7V,锗二极管的正向压降为0.15~0.3V,根据这一特点可以判断被测二极管种类;(2)当二极管正向连接时,显示值为被测二极管的正向压降伏特值,当二极管反接时显示已超过量程范围状态,利用该方法可以判断二极管的好坏及其极性;(3)当输入端未接时(即开路时),显示值为已超过量程范围状态;(4)由于万用表内部电路结构,通过被测器件的电流为1mA左右,因此二极管挡适合测量小功率二极管,在测量大功率二极管时,其数值明显低于典型工作值。

电路通断测量方法如下:

测量电路通断时将表笔并联到被测电路两端,如果被测电路两端之间电阻大于70Ω,认为电路断开;如果被测电路两端之间电阻不大于30Ω,认为电路导通良好,蜂鸣器发出连续声响,可从显示屏上读取被测电路的近似电阻值。

注意:测量在线二极管和电路通断时都应关闭电源和释放电容上的残余电荷。

5)三极管参数测试

三极管参数测试方法如下:

(1)将功能选择旋钮旋至hFE挡。

(2)先确定三极管是PNP型还是NPN型,然后再将被测管发射极、基极、集电极三脚分别插入面板对应的三极管插孔内。

(3)读取显示屏上的数值。万用表显示的是h_{FE}近似值,测试条件为基极电流约10μA,集电极与发射极间电压约2.8V。

3. 其他注意事项

(1)自动关机功能。当连续测量时间超过15min时,显示屏将消隐显示,仪表进入微功耗休眠状态。连续按两次POWER键即可唤醒仪表,测量完成后应随即关闭万用表,以便延长万用表电池的寿命。

(2)保养与维修。在测量电流、电容、三极管h_{FE}时,若仪表显示毫无反应,应确认仪表内熔断器有无烧断,如已烧断应更换同规格熔断器;当LCD显示欠压提示时,应更换内置电池,否则会影响测量结果。

2.2　数字示波器

示波器(Oscilloscope)是一种用途十分广泛的电子测量仪器。利用示波器能观察不同信号幅度随时间变化的波形曲线,并测试多种信号参数(非精确测量),如信号的电压幅度、周期、频率、相位差、脉冲宽度等。

示波器可分为模拟、数字两大类。模拟示波器采用的是模拟电路,它以连续方式将被测信号显示出来。数字示波器将输入信号数字化(时域采样和幅度量化)后,由 D/A 转换器输出重建波形,具有记忆、存储功能,所以又称为数字存储示波器(DSO, Digital Storage Oscilloscope)。受模拟电路的带宽限制,100MHz 以上的示波器多以数字示波器为主,下面以数字示波器为例进行介绍。数字示波器的主要技术指标如下:

(1)频带宽度(带宽):带宽是示波器的基本指标,它反映了可以观测信号的最高频率(或最小脉冲宽度)。在示波器的输入端加正弦波,幅度衰减至 -3dB(70.7%)时的频率点就是示波器的带宽。例如:200MHz 带宽的示波器,理论是可以测到 200MHz 的正弦信号,也就是说输出 200MHz 的正弦信号,信号幅值才会降到实际的 0.707 倍,即用它测量幅值为 10V、频率为 200MHz 的正弦波时,实际得到的幅值会不小于 7.07V。

但如果是方波或者三角波信号,就不能如此推算了,具体需要按照傅里叶变换的方式进行频谱分析,看你关注多少次内谐波,比如 40MHz 的方波信号,按照频谱分析的原理,最多只能看到 200MHz 的 5 次谐波,5 次以上的谐波就看不到了,可能就会看到方波变成了有一定弧度的曲线。

当然,信号超过带宽之后衰减的只是幅值,并没有衰减频率,如果仅仅关注频率参数,就没有上面的那么顾虑了,200MHz 的方波测量频率依然是 200MHz。

因此,我们在选择示波器的时候,为达到一定的测量精度,应该选择信号最高频率 5 倍的带宽。

(2)输入耦合方式:一般可选择直流、交流和接地三种耦合方式之一,直流耦合时,输入信号的所有成分都加到示波器上;交流耦合用于只需要观察输入信号的交流波形时;接地方式则断开输入信号,将通道直接接地。

(3)数字存储示波器的最高采样速率:单位时间内采样的次数,常以 MSa/s(兆采样点每秒)表示,也可用每秒完成的 A/D 转换的最高次数来衡量。采样速率越高反应示波器捕捉高频或快速测量信号的能力越强,根据奈奎斯特定理,采样速率至少高于信号高频成分的 2 倍才不会发生混叠。

(4)示波器探头:探头是示波器的专用测试电缆,探头的正确使用在测试中具有重要的作用。

探头是介于示波器和被测信号之间的环节,如果信号在探头处就已经失真,示波器的显示功能就会受到很大影响。探头本身有输入电阻,和万用表测电压的原理一样,为尽可能地减少对测量的影响,希望探头的输入电阻尽量大,但由于不可能做到无穷大,总会对被测电路有分压的影响,所以实际测到的电压不是探头测试点本身之前的电压,这种现象经常会出现在电源或放大器电路的测试中。为减小分压的影响,一般要求探头的输入电阻比被测源的输出电阻大 10 倍以上,可以利用具有衰减的探头中的 10X 比例来增大探头的输入电阻。

其次探头本身有输入电容,是由探头的寄生电容等效而来的,这个电容是影响探头带宽的重要因素,会衰减信号中的高频成分,使波形的边沿变缓。一般无源探头的输入电容在 10pF 至几百皮法之间,有源探头的输入电容在 0.2pF 至几皮法之间。

再次,探头的输入端还会受到电感的影响,电感来自探头和被测电路之间的导线电感,探头的寄生电感和寄生电容组成了谐振回路,在电感值太大时,在输入信号激励时可能会产生高频谐振,造成信号的失真,所以高频测试时应严格控制信号和地线的长度,否则会产生振荡。等效电感的大小还与接地线长度有关,其越长电感效应就越大,对波形的破坏效应就是会产生脉冲信号的振荡、过冲等信号完整性问题。可以在探头中增加一个和示波器输入阻抗相串联的阻抗,用这种办法就可以减小探头的负载效应。然而,由于引进了一个电阻分压结构,这就意味着输入电压不能完全加到示波器的输入端。

一个实际的 10∶1 探头具有几个可调的电容和电阻,以便在很宽的频率范围内获得正确的频率响应,这些可调元件的大多数都是在制造探头时由工厂调好的。只有一个微调电容留给用户去调节,这个电容称为低频补偿电容,通过调节这个电容使得探头和与相配用的示波器匹配,使用示波器前面板上的信号输出可以很容易地进行这项调节工作,示波器的这个输出端标有"探头调节""校准器""CAL"或者"探头校准"等标志,并能送出一个方波输出电压,方波中包含很多频率分量。当所有这些分量都以正确的幅度送至示波器时,就能在示波器屏幕上再现方波信号。

2.2.1 SDS 1202X-E 数字示波器

SDS 1202X-E 是一款通道带宽 200MHz、采样率 1GSa/s、存储深度达 14Mpts 的双通道示波器。它具有优异的信号保真度,最小量程达到 500μV/div,采用数字触发系统,触发灵敏度高,触发抖动小,波形捕获率高达 400000 帧/s(Sequence 模式),还有丰富的测量和数学运算功能,是一款高性能经济型通用示波器。

SDS 1202X-E 的控制面板如图 2.3 所示,它包含三个主要区域,垂直区、水平区和触发区,其他按键为功能键,各部分名称见表 2.1。

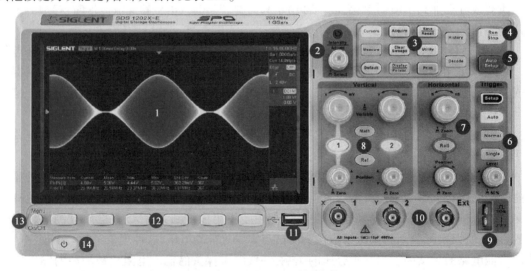

图 2.3 SDS 1202X-E 控制面板

表 2.1　SDS 1202X-E 各部分名称

编号	说明	编号	说明
①	屏幕显示区	⑧	垂直通道控制区
②	多功能旋钮	⑨	补偿信号输出端/接地端
③	常用功能区	⑩	模拟通道和外触发输入端
④	停止/运行	⑪	USB Host 端口
⑤	自动设置	⑫	菜单软键
⑥	触发系统	⑬	Menu on/off 软键
⑦	水平控制系统	⑭	电源软开关

对部分常用的功能加以说明。

②多功能旋钮。菜单操作时,若某个菜单软键上有旋转图标,按下该菜单软键后,旋钮上方的指示灯被点亮,此时旋转旋钮,可以直接设置该菜单软键显示值;若按下旋钮,可调出虚拟键盘,通过虚拟键盘直接设定所需的菜单软键值。

③常用功能区。

Cursors :按下该键直接开启光标功能。示波器提供手动和追踪两种光标模式,另外还有垂直和水平两个方向的两种光标测量类型。

Measure :按下该键快速进入测量系统,可设置测量参数、统计功能、全部测量、Gate 测量等。测量可选择并同时显示最多任意四种测量参数,统计功能则统计当前显示的所有选择参数的当前值、平均值、最小值、最大值、标准差和统计次数。

Default :按下该键快速恢复至用户自定义状态。

Acquire :按下该键进入采样设置菜单,可设置示波器的获取方式(普通/峰值检测/平均值/增强分辨率)、内插方式、分段采集和存储深度(7K/70K/700K/7M/14K/140K/1.4M/14M)。

Clear Sweeps :按下该键进入快速清除余辉或测量统计,然后重新采集或计数。

Display/Persist :按下该键快速开启余辉功能,可设置波形显示类型、色温、余辉、清除显示、网格类型、波形亮度、网格亮度、透明度等。选择波形亮度/网格亮度/透明度后,通过多功能旋钮调节相应亮度。透明度指屏幕弹出信息框的透明程度。

Save/Recall :按下该键进入文件存储/调用界面,可存储/调出的文件类型包括设置文件、二进制数据、参考波形文件、图像文件、CSV 文件、Matlab 文件和 Default 键预设。

Utility :按下该键进入系统辅助功能设置菜单,设置系统相关功能和参数,例如接口、声音、语言等。

Print :按此按键保存界面图像到 U 盘中。

History :按下该键快速进入历史波形菜单。历史波形模式最大可录制 80000 帧波形。

Decode :解码功能按键。按下该键打开解码功能菜单。

④停止/运行(Run/Stop):按下该键可将示波器的运行状态设置为"运行"或"停止"。"运行"状态下,该键黄灯被点亮;"停止"状态下,该键红灯被点亮。

⑤自动设置(Auto Setup):按下该键开启波形自动显示功能。示波器将根据输入信号自动调整垂直挡位、水平时基及触发方式,使波形以最佳方式显示。

⑥触发系统(Trigger)。

Setup :按下该键打开触发功能菜单。

Auto :按下该键切换触发模式为 AUTO(自动)模式。

Normal :按下该键切换触发模式为 Normal(正常)模式。

Single :按下该键切换触发模式为 Single(单次)模式。

⑦水平控制系统(Horizontal)。

水平挡位旋钮:修改水平时基挡位。顺时针旋转减小时基,逆时针旋转增大时基。修改过程中,所有通道的波形被扩展或压缩,同时屏幕上方的时基信息相应变化。按下该按钮快速开启 Zoom 功能。

水平 Position:修改触发位移。旋转旋钮时触发点相对于屏幕中心左右移动。修改过程中,所有通道的波形同时左右移动,屏幕上方的触发位移信息也会相应变化。按下该按钮可将触发位移恢复为 0。

Roll :按下该键快进入滚动模式。滚动模式的时基范围为 50ms/div ~ 100s/div。

⑧垂直通道控制区(Vertical)。

垂直电压挡位旋钮:修改当前通道的垂直挡位。顺时针转动减小挡位,逆时针转动增大挡位。修改过程中波形幅度会增大或减小,同时屏幕右方的挡位信息会相应变化。按下该按钮可快速切换垂直挡位调节方式为"粗调"或"细调"。

垂直 Position:修改对应通道波形的垂直位移。修改过程中波形会上下移动,同时屏幕中下方弹出的位移信息会相应变化。按下该按钮可将垂直位移恢复为 0。

1 或 2 :模拟输入通道。两个通道标签用不同颜色标识,且屏幕中波形颜色和输入通道连接器的颜色相对应。按下通道按键可打开相应通道及其菜单,连续按下两次则关闭该通道。

Math :按下该键打开波形运算菜单,可进行加、减、乘、除、FFT、积分、微分、平方根等运算。

Ref :按下该键打开波形参考功能,可将实测波形与参考波形相比较,以判断电路故障。

⑨补偿信号输出端/接地端:首次使用探头时,应进行探头补偿调节,使探头与示波器输入通道匹配。未经补偿或补偿偏差的探头会导致测量偏差或错误。

补偿调节方法:首先,按 Default 将示波器恢复为默认设置。其次,将探头的接地鳄鱼夹与探头补偿信号输出端下面的"接地端"相连;将探头 BNC 端连接示波器的通道输入端,另一端连接示波器补偿信号输出端。最后,按 Auto Setup 键,观察示波器显示屏上的波形,正常情况下应显示图 2.4 所示波形。

⑩模拟通道(CH1、CH2)和外触发输入端(EXT)。

模拟输入通道的输入信号均可以作为触发信源。

外部触发源可用于示波器多个模拟通道同时采集数据的情况下,在【EXT】通道上外接触发信号。触发信号(例如外部时钟、待测电路信号等)将通过【EXT】连接器接入 EXT 触发源。

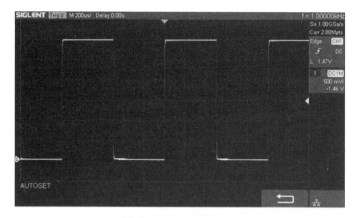

图 2.4　补偿适当波形

⑪ USB Host 端口：用于连接 U 盘进行外部存储，可将示波器当前的设置、波形、屏幕图像以及 CSV 文件保存到内部存储器或外部 USB 存储设备（例如 U 盘）中，并可以在需要时重新调出已保存的设置或波形。

⑫ 菜单软键：与其上面的菜单一一对应，按下任意一软键激活对应的菜单，即可进行相关设置。

示波器的界面显示如图 2.5 所示，主要包括波形显示区和状态显示区。波形显示区用于显示信号波形、测量数据、水平位移、触发电平等，位移值和触发电平在转动旋钮时显示，停止转动 5s 后则消失；状态显示区主要在下方，与菜单软件配合使用，状态显示区显示的标志位置及数值随面板相应按钮和旋钮的操作而变化。

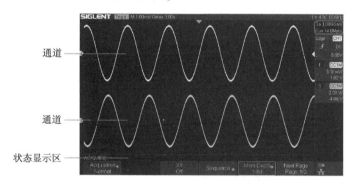

图 2.5　SDS 1202X-E 数字示波器的界面显示图

2.2.2　SDS 1202X-E 数字示波器的使用方法

（1）示波器的所有操作只对当面选定（打开通道）通道有效。按"CH1"或"CH2"按键即可选定相应通道，此时功能显示栏的通道号变为当前值；再次按通道按键当前选定通道关闭。

（2）数字示波器的操作方法类似于计算机，其操作分为三个层次：第一层，按下前面板上的功能按键，进入不同的功能菜单或直接获得特定的功能应用；第二层，通过功能菜单软键操作按键选定对应的功能项目或打开子菜单；第三层，通过"多功能旋钮"选择下拉菜单。

（3）观测电路中未知信号的电压参数和时间参数。电压参数和时间参数的自动测量是示波器使用中最常用的功能。

本示波器能自动测量的电压参数主要包括峰峰值、最大值、最小值、幅值、顶端值、底端值、平均值、均方根值等。图2.6表述了部分电压参数的物理意义。

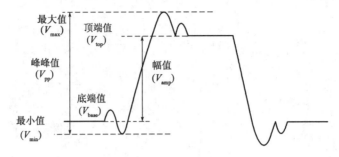

图2.6　电压参数示意图

峰峰值(V_{pp}):波形最高点波峰至最低点的电压值。

最大值(V_{max}):波形最高点至GND(地)的电压值。

最小值(V_{min}):波形最低点至GND(地)的电压值。

幅值(V_{amp}):波形顶端至底端的电压值。

顶端值(V_{top}):波形平顶至GND(地)的电压值。

底端值(V_{base}):波形平底至GND(地)的电压值。

平均值(Mean):1个周期内信号的平均幅值。

均方根值(RMS):有效值。依据交流信号在一周期时所换算产生的能量,对应于产生等值能量的直流电压。

本示波器能自动测量的时间参数有信号的频率、周期、正脉宽、负脉宽、上升时间、下降时间、正占空比、负占空比、延迟等参数。图2.7表述了部分时间参数的物理意义。

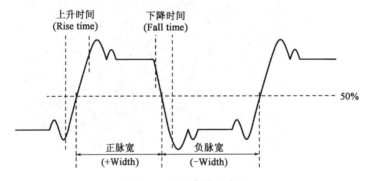

图2.7　时间参数示意图

上升时间(Rise time):波形幅度从10%上升至90%所经历的时间。

下降时间(Fall time):波形幅度从90%下降至10%所经历的时间。

正脉宽(+Width):正脉冲在上升沿50%幅度与下降沿50%幅度点之间的脉冲宽度。

负脉宽(-Width):负脉冲在下降沿50%幅度与上升沿50%幅度点之间的脉冲宽度。

正占空比(+Duty):正脉宽与周期的比值。

负占空比(-Duty):负脉宽与周期的比值。

(4)光标测量。示波器自动测量的参数总是有限的,对自动测量功能下不能测试的参数可以通过光标手动测量完成。"Cursors"为光标测量功能按键。光标测量有手动和追踪2种模式,在菜单软键进行切换。

手动模式:通过菜单软键的 X/Y 切换水平光标和垂直光标,由多功能旋钮来调整光标在屏幕上的位置,显示的读数即为测量的电压或时间值。

ΔX:被测通道两个光标之间的时间值。

1/ΔX:被测通道两个光标之间的频率。

X1、X2:两个光标分别对于水平参考点的时间。

ΔY:被测通道两个光标之间的电压值。

Y1、Y2:两个光标分别对被测通道地的电压。

跟踪方式:水平与垂直光标交叉成为十字光标,十字光标自动定位在波形上,通过旋转多功能旋钮,可以调整十字光标在波形上的位置。示波器同时显示光标点的坐标。

当光标功能打开时,测量数值自动显示于屏幕右侧。

2.2.3 SDS 1202X-E 数字示波器的应用举例:测量简单信号

观测电路中一未知信号迅速显示和测量信号的频率和峰峰值。

1. 迅速显示信号

欲迅速显示该信号,请按如下步骤操作:

(1)将探头菜单衰减系数设定为 1X,并将探头上的开关设定为 1X。

(2)将 CH1 的探头连接到电路被测点。

(3)按"Auto Setup"按键,示波器将自动设置使波形显示达到最佳。在此基础上,可以进一步调节垂直、水平挡位,直至波形的显示符合测试要求。

2. 进行自动测量信号的电压和时间参数

(1)按"MEASURE"按键,显示屏上显示出自动测量的数值,若没有出现测量值,按下菜单软键的"全部测量关闭";若测量值显示为"＊＊＊"(无数值),则需切换测量通道,按下菜单软键的"信源",这时所有的测量参数将显示在屏幕上。

(2)按下菜单软键的"类型",旋转"多功能旋钮"分别找到"峰峰值"和"频率",按下"多功能旋钮",这时峰峰值和频率值将显示在屏幕下方。

2.3 信号发生器

信号发生器(Signal Generator)又称信号源或振荡器。信号发生器能够产生多种函数信号波形,如三角波、锯齿波、矩形波(含方波)、正弦波等。有些信号发生器同时还具有电子计数器的功能,可实现外部输入信号频率的测量。信号发生器除供通信、仪表和自动控制系统测试用,还广泛用于其他非电量测量领域。

信号发生器多采用锁相环(PLL)、直接数字频率合成(DDS)或两者结合的技术实现,其关键指标是输出信号的频率准确度和频率稳定度。

直接数字频率合成(DDS)是一种从相位概念出发直接合成所需频率波形的新频率合成技术。图 2.8 为 DDS 信号源原理框图。

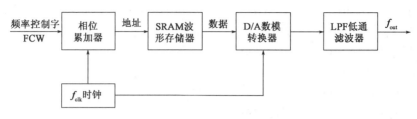

图 2.8　DDS 信号源原理框图

其实现原理为:首先将与相位对应的波形幅值数据进行存储,通过相位累加器累计步长采样对应的波形数据。每采样一次数据,相位累加器的输出就增加一个步长的相位增加量。相位增加量由频率控制字确定。存储的信号波形数据表包含产生信号的一个完整周期的幅值和相位。从波形存储器中读取相位累加器的相位累加值对应的波形幅值,通过 D/A 数模转换器将该数据转换成相应的模拟量,再经过滤波得到平滑的合成波形信号。相位累加器的相位累加为循环叠加,这样可使输出信号的相位连续。当相位累加器累加至满量程时,产生一次计数溢出,该溢出率即为输出信号频率。

2.3.1　SDG1062X 双通道函数信号发生器

SDG1062X 是一台具有稳定度高、功能多等特点的双通道函数信号发生器,最大输出频率 60MHz,最大输出幅度 20Vpp,采样率 150MSa/s,能产生正弦波、方波、三角波、脉冲波、高斯白噪声、DC 以及 1μHz～6MHz 的任意波形,具备极高的调节分辨率和调节范围,还有丰富的模拟、数字调制功能以及丰富的通信接口。

SDG1062X 的控制面板如图 2.9 所示。

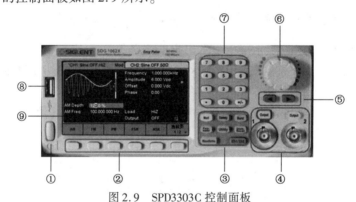

图 2.9　SPD3303C 控制面板

①电源开关:用于开启或关闭信号发生器。

②菜单键:与其上面的菜单一一对应,按下任意一软键激活对应的菜单。

③常用功能区:该功能区的按键选中时,对应的按键灯将变亮。

Mod——调制,可输出经过调制的波形,提供多种调制方式,可产生 AM、DSB - AM、FM、PM、ASK、FSK、PSK 和 PWM 调制信号。

Sweep——扫频,可产生"正弦波""方波""三角波"和"任意波"的扫频信号。

Burst——脉冲串,可产生"正弦波""方波""三角波""脉冲波""噪声"和"任意波"的脉冲串输出。

$\boxed{\text{Parameter}}$——参数设置键,可直接切换到设置参数的界面,进行参数的设置。

$\boxed{\text{Utility}}$——辅助功能与系统设置,用于设置系统参数。

$\boxed{\text{Store/Recall}}$——存储与调用,可存储、调出仪器状态或者用户编辑的任意波形数据。

$\boxed{\text{Waveforms}}$:波形选择键,可以选择 Sine、Square、Ramp、Pulse、Noise、DC 和 Arb。

$\boxed{\text{CH1/CH2}}$键用于切换 CH1 或 CH2 为当前选中通道。

④双通道输出端:左边的$\boxed{\text{Output}}$按键用于开启或关闭 CH1 的输出,当 Output 打开时(按键灯变亮),以 CH1 当前配置输出波形;右边的$\boxed{\text{Output}}$按键用于开启或关闭 CH2 的输出,当 Output 打开时(按键灯变亮),以 CH2 当前配置输出波形。

⑤方向键:在使用旋钮设置参数时,用于切换数值的位。使用数字键盘输入参数时,左方向键用于删除光标左边的数字。

⑥旋钮:在参数设置时,旋转旋钮用于增大(顺时针)或减小(逆时针)当前突出显示的数值。

⑦数字键盘:用于输入参数,包括数字键 0 至 9、小数点".",符号键"+/-"。注意,要输入一个负数,需要在输入数值时输入一个符号"-"。

⑧USB Host:支持 FAT 格式的 U 盘,可以读取 U 盘中的波形或状态文件,或将当前的仪器状态存储到 U 盘中。

⑨用户界面:用以显示当前功能的菜单和参数设置、系统状态和提示信息等内容。

2.3.2　SDG1062X 双通道函数信号发生器的使用方法

使用信号发生器时,首先按要求设置波形参数,输出波形和参数信息都将显示在液晶显示屏上的相应位置,SDG1062X 双通道函数信号发生器的显示界面如图 2.10 所示,图示为 CH1 的选择正弦波的 AM 调制时的界面。基于当前功能的不同,界面显示的内容会有所不同。

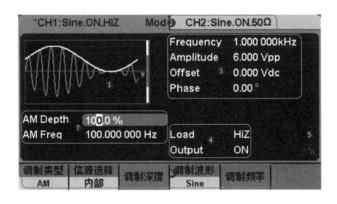

图 2.10　SDG1062X 双通道函数信号发生器的界面显示图

①波形显示区:显示各通道当前选择的波形。

②通道输出配置状态栏:CH1 和 CH2 的状态显示区域,指示当前通道的选择状态和输出配置。

③基本波形参数区:显示各通道当前波形的参数设置。按 Parameter 键后通过菜单软键选中需要更改的参数,然后使用数字键盘或旋钮改变该参数。

④通道参数区:显示当前选择通道的负载设置和输出状态。

⑤网络状态提示符:根据当前网络的连接状态给出不同的提示,网络连接正常或没有网络连接。

⑥菜单:显示当前已选中功能对应的操作菜单。例如,图2.10显示正弦波的AM调制菜单。

⑦调制参数区:显示当前通道调制功能的参数。选择相应的菜单后,通过数字键盘或旋钮改变参数。

为了更快速地掌握和运用SDG1062X,现以两个实例加以说明。

1. 输出正弦波波形

例:输出一个频率为50kHz,幅值为5Vpp、偏移量为1Vdc的正弦波波形。

具体操作如下:

(1)选择波形种类:选择常用功能区中 Waveforms →Sine。

(2)设置波形参数:选择完波形类型后,按相应的参数按键进入参数设置界面,使用数字键盘输入相应参数的值。

设置频率值:选择菜单软件的【频率/周期】→频率,使用数字键盘输入"50"→选择单位"kHz"→50kHz。

设置幅度值:选择【幅值/高电平】→幅值,使用数字键盘输入"5"→选择单位"Vpp"→5Vpp。(注意:Vrms表示有效值)

设置偏移量:选择【偏移量/低电平】→偏移量,使用数字键盘输入"1"→选择单位"Vdc"→1Vdc。

将频率、幅度和偏移量设定完毕后,选择当前所编辑的通道输出,按下对应通道的 Output 键,便可输出所设定的正弦波,如图2.11所示。

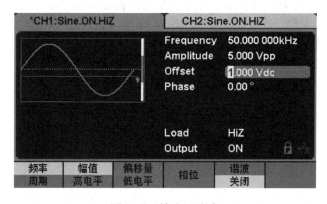

图2.11 输出正弦波

2. 输出方波波形

例:输出一个频率为50kHz、幅值为5Vpp、偏移量为1Vdc、占空比为60%的方波波形。

具体操作如下：

（1）选择波形种类：选择常用功能区中 $\boxed{\text{Waveforms}}$ →Square。

（2）设置波形参数：选择完波形类型后，按相应的参数按键进入参数设置界面，使用数字键盘输入相应参数的值。

设置频率值：选择菜单软件的【频率/周期】→频率，使用数字键盘输入"50"→选择单位"kHz"→50kHz。

设置幅度值：选择【幅值/高电平】→幅值，使用数字键盘输入"5"→选择单位"Vpp"→5Vpp。

设置偏移量：选择【偏移量/低电平】→偏移量，使用数字键盘输入"1"→选择单位"Vdc"→1Vdc。

设置占空比：选择【占空比】，使用数字键盘输入"60"→选择单位"%"→60%。

将频率、幅度、偏移量和占空比设定完毕后，选择当前所编辑的通道输出，按下对应通道的 $\boxed{\text{Output}}$ 键，便可输出所设定的方波波形，如图 2.12 所示。

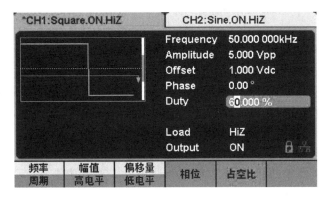

图2.12　输出方波

2.4　直流稳压电源

直流稳压电源（DC Regulated Power Supply）是所有电子设备工作的能源来源。稳压电源的分类方法繁多，按输出电源的类型分为直流稳压电源和交流稳压电源；按稳压电路与负载的连接方式分为串联稳压电源和并联稳压电源；按调整管的工作状态分为线性稳压电源和开关稳压电源；按输出电压的可变情况分为固定输出稳压电源和可变输出稳压电源等。直流稳压电源工作示意图如图 2.13 所示。

串联型线性可调直流稳压电源在工程应用中使用较多，其电路形式多种多样，但结构具有相似性，一般都包括降压、整流、滤波、稳压等模块。

直流稳压电源的典型指标有：

电压调整率：表征当输入电压变化时，直流稳压电源输出电压稳定的程度。

电流调整率：表征当输入电压不变时，电源对由于负载电流变化而引起的输出电压波动的抑制能力。

纹波抑制比：表征直流稳压电源对输入端引入的市电电压的抑制能力。

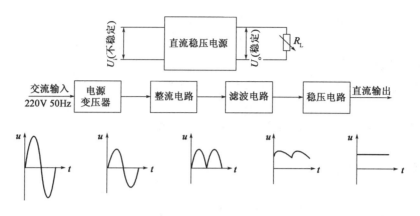

图 2.13　直流稳压电源工作示意图

2.4.1　SPD3303C 可编程线性直流电源

SPD3303C 是一款具备 LED 显示屏幕的可编程线性直流电源。它具有三组独立输出:两路可调输出和一路固定输出,其中两路可调输出电源具有恒压与恒流自动转换功能。恒压模式下,电源输出电压能从 0 ~ 32V 之间任意可调;在恒流模式下,输出电流能从 0 ~ 3.2A 之间连续可调。二路可调电源间又可以任意进行串联或并联,串联模式下,输出电压是单通道的两倍;并联模式下,输出电流为单通道的两倍。另一路固定输出可选择电压值 2.5V/3.3V//5V,电流值 3.2A。三组电源均具有输出短路和过载保护。而且它采用 100V/120V/220V/230V 兼容设计,满足不同电网需求;同时还具有存储和调用设置参数功能,以及完善的 PC 平台软件控制,可通过 USBTMC 实现实时控制。

SPD3303C 控制面板如图 2.14 所示。

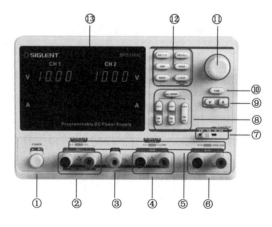

图 2.14　SPD3303C 控制面板

① 电源开关:按下(即■位置),机器处于"开"状态;反之,开关弹起(即■位置),处于"关"状态。

② CH1 输出端:一路可调电源输出端的接线端子。

③ 公共接地端。

④ CH2 输出端:二路可调电源输出端的接线端子。

⑤ CV/CC 指示灯:恒压/恒流指示灯。前两路通道亮黄灯表示 CV 模式,亮红灯表示 CC 模式。第三路通道,当输出电流超过 3.2A 时,过载指示灯显示红灯,CH3 操作模式从 CV 转变为 CC 模式。注意:"overload"这种状态,不表示异常操作。

⑥ CH3 输出端:固定电源输出端接线端子。

⑦ CH3 挡位拨码开关:切换此开关,可选择所需挡位:2.5V、3.3V、5V。

⑧ 通道控制按键:

ALL ON/OFF——开启/关闭所有通道;

CH1——选择 CH1 为当前操作通道;

CH2——选择 CH2 为当前操作通道;

ON/OFF——开启/关闭当前通道输出;

CH3 ON/OFF——开启/关闭 CH3 输出。

⑨ 选择当前参数设置:V——电压设置;A——电流设置。

⑩ FINE:开启细调功能,参数以最小步进变化。

⑪ 多功能旋钮:调节各通道输出的电压值或电流值。

⑫ 系统参数配置按键:

NO.1-5——按该键选择存储位置;

SER——设置 CH1/CH2 串联模式;

PARA——设置 CH1/CH2 并联模式;

RECALL——进入存储系统,调出状态参数设置;

SAVE——进入存储系统,保存状态参数设置;

LOCK——长按开启/关闭锁键功能。

⑬ 显示界面:上面一排显示的是两路可调输出通道的电压值,下面一排显示的是两路可调输出通道的电流值。

2.4.2 SPD3303C 可编程线性直流电源的使用方法

1. CH1/CH2 独立模式输出

CH1 和 CH2 的输出工作在独立的控制状态,如图 2.15 所示,CH1 与 CH2 均与地隔离,输出额定电压值为 0~32V,电流值为 0~3.2A。

具体操作步骤如下:

(1)确定并联 PARA 键和串联 SER 键关闭(按键灯不亮)。

(2)连接负载到 CH1 +/- 或 CH2 +/- 端子。

图 2.15　CH1 和 CH2 独立输出示意图

（3）设置 CH1/CH2 输出电压和电流：首先，按键 $\boxed{V}$（或 $\boxed{A}$）选择需要修改的参数（电压或电流），然后，旋转多功能旋钮改变相应参数值（默认状态下，电源工作在粗调模式，若要启动细调模式，按下 $\boxed{FINE}$ 键，粗调：0.1V or 0.1A @ 每转，细调：最小精度 @ 每转）。

（4）打开输出：按下输出键 $\boxed{ON/OFF}$，相应通道指示灯被点亮，输出显示 CV 或 CC 模式。

2. CH3 独立模式输出

CH3 输出额定值为 2.5V、3.3V、5V、3.2A，独立于 CH1/CH2，如图 2.16 所示。

图 2.16　CH3 独立输出示意图

具体操作步骤如下：

（1）连接负载到 CH3 +/− 端子。

（2）使用 CH3 拨码开关，选择所需挡位：2.5V、3.3V、5V。

（3）打开输出：按下输出键"ON/OFF"打开输出，同时按键灯点亮。

（4）CV→CC 转换：当输出电流超过 3.2A 时，过载指示灯显示红灯，CH3 操作模式从恒压转变为恒流模式。

说明："overload"这种状态，不表示异常操作。

3. CH1/CH2 串联模式输出

在串联模式下，输出电压为单通道的两倍，CH1 与 CH2 在内部连接成一个通道，CH1 为控制通道，如图 2.17 所示，输出额定电压值为 0~64V，电流值为 0~3.2A。

图 2.17　CH1/CH2 串联模式示意图

具体操作步骤如下：

（1）按下 $\boxed{SER}$ 键启动串联模式，按键灯点亮。

（2）连接负载到 CH2 + 和 CH1 − 端子。

（3）按下 $\boxed{CH1}$ 按键，并设置 CH1 设定电流为额定值 3.2A。

（4）按下 CH1 开关（灯点亮），使用多功能旋钮来设置输出电压和电流值。

(5)打开输出:按下输出键 $\boxed{\text{ON/OFF}}$,相应通道指示灯被点亮。

4. CH1/CH2 并联模式输出

在并联模式下,输出电流为单通道的两倍,内部进行了并联连接,CH1 为控制通道,如图2.18所示,输出额定电压值为 0~32V,电流值为 0~6.4A。

图 2.18   CH1/CH2 并联模式示意图

具体操作步骤如下:

(1)按下 $\boxed{\text{PARA}}$ 键启动并联模式,按键灯点亮。

(2)连接负载到 CH1 +/ – 端子。

(3)按下 $\boxed{\text{CH1}}$ 开关,通过多功能旋钮来设置设定电压和电流值。

(4)打开输出:按下输出键 $\boxed{\text{ON/OFF}}$,相应通道指示灯被点亮。

第3章　常用电子元器件及其检测

电子元器件是电子电路中具有某种独立功能的单元,是构成电子设备的基本单元,通常可以分为无源元件和有源器件两类。无源元件包括电阻器、电位器、电容器、电感器、电声器件等,有源器件包括二极管、晶体管、集成电路等。电子元器件品种繁多、用途广泛,而且新产品不断涌现。

电子元器件是组成电子产品的基础,正确地选用和检测电子元器件,是电子技术工作者必须掌握的基本知识和技能。本章列举了一些常用元器件的种类、型号、性能参数、检测方法等内容供读者学习。读者应不局限于书本内容,积极通过网络、向生产厂家索取元器件手册等途径查阅相关技术资料,深入了解元器件的性能、参数与封装形式,以便更好识别、检测元器件。

3.1　电　阻　器

3.1.1　电阻器相关基础知识

1.电阻器的作用及分类

在电路中,电阻器主要用来控制电压和电流,能起到降压、分压、限流、分流、隔离、滤波(与电容器配合)、阻抗匹配、负载和信号幅度调节等作用。

在电路图中,电阻器用字母"R"来表示,电路图形符号如图3.1所示。

(a)电阻器(一般符号)　　(b)可变电阻器　　(c)热敏电阻器　　(d)光敏电阻器

图3.1　电阻器符号

电阻器有多种分类方法,通常按照阻值特性分为固定电阻器、可变电阻器、敏感电阻器、熔断电阻器等。常见电阻器外形如图3.2所示。

1)固定电阻器

固定电阻器的种类比较多,主要有薄膜电阻器和线绕电阻器。

(1)薄膜电阻器是在一根陶瓷管或棒上镀上一层薄导电膜,为了保护镀膜和防止潮湿的影响,需在镀层上涂上一层漆,在两端加上引线制成。电阻值可通过改变镀膜的厚度和使用刻槽的方法来获得。

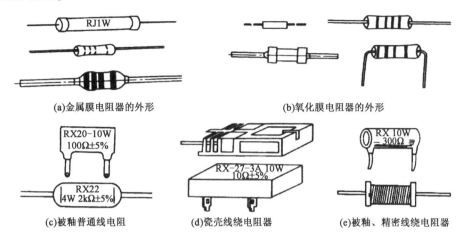

(a)金属膜电阻器的外形　　　　　　　　(b)氧化膜电阻器的外形

(c)被釉普通线电阻　　　　(d)瓷壳线绕电阻器　　　　(e)被釉、精密线绕电阻器

图 3.2　常用电阻器外形

常用的薄膜电阻器有碳膜电阻器、金属膜电阻器、金属氧化膜电阻器等。金属膜电阻器与碳膜电阻器相比,其噪声低、稳定性好,但成本相对要高。金属氧化膜电阻器与金属膜电阻器相比,具有阻燃、导电膜层均匀、膜与瓷棒结合牢固、抗氧化能力强等优点,其缺点是阻值范围小(通常在 200kΩ 以下)。

(2)线绕电阻器是用高阻值的合金线(即电阻丝,采用镍铬丝、康铜丝、锰铜丝等材料制成)缠绕在绝缘基棒上制成的。它具有阻值范围大($0.1\Omega \sim 5M\Omega$)、噪声小、电阻温度系数小、耐高温、承受负载功率大(最高可达 500W)等优点,缺点是高频特性差。

2)可变电阻器

可变电阻器又称可调电阻器,通常用在需要经常调节(即阻值需要频繁变动)的电路中,起调整电压、调整电流或信号控制等作用。

3)敏感电阻器

一些电阻器的电阻值会随着物理环境的改变而发生明显的变化,这类电阻器被称为敏感电阻器。常用的敏感电阻器有热敏电阻器、光敏电阻器、压敏电阻器、湿敏电阻器、磁敏电阻器、气敏电阻器、力敏电阻器等。利用敏感电阻器的不同特性可以制成各种传感器。

4)熔断电阻器

熔断电阻器在电路工作正常时起固定电阻器的作用,当其工作电流超过额定值时,熔断电阻器将会像熔断器一样熔断,对电路进行保护。熔断电阻器可分为可恢复式熔断电阻器和一次性熔断电阻器两种。

2.电阻器的主要特性参数

1)标称阻值

标称阻值是指在电阻器表面所标注的数值。标称阻值是电阻器上的名义阻值,分别有 E6、E12、E24 等多个系列。

电阻器总是按某一系列生产,在允许误差下,某一系列的标称阻值基本上覆盖所有的实际阻值。但不是任何阻值的电阻都能够在市场上买得到。表 3.1 列出了常用的 E6、E12、E24 系列电阻的标称阻值。

表 3.1　电阻器的标称阻值系列和允许误差

阻值系列	允许误差	电阻标称阻值 $\times 10^n$(n 为整数)
E6	±20%	1.0、1.5、2.2、3.3、4.7、6.8
E12	±10%	1.0、1.2、1.5、1.8、2.2、2.7、3.3、3.9、4.7、5.6、6.8、8.2
E24	±5%	1.0、1.1、1.2、1.3、1.5、1.6、1.8、2.0、2.2、2.4、2.7、3.0、3.3、3.6、3.9、4.3、4.7、5.1、5.6、6.2、6.8、7.5、8.2、9.1

2)允许误差

电阻器的允许误差用电阻的标称阻值与实际阻值的偏差来表示,常用百分数表示。允许误差分为六个等级,如表 3.2 所示,往往标注在电阻器的最后一位上。如果是色环电阻,则最后一道色环表示允许误差。

表 3.2　电阻器允许误差等级

误差等级	005	01(或00)	02(或0)	I	II	III
允许误差	±0.5%	±1%	±2%	±5%	±10%	±20%
字母表示	D	F	G	J	K	M

3)额定功率

电阻器长期工作而不改变其性能的允许功率,称为额定功率。选择电阻器的额定功率时,必须等于或大于电阻实际消耗的功率,否则长期工作就会改变电阻的性能或者烧毁。所以,设计电路时应先计算出电阻实际消耗的功率,从而选取适当额定功率的电阻并留有一定余量。

电阻器的额定功率采用标准化额定功率系列值,常用的额定功率有 0.125W、0.25W、0.5W、1W、2W、5W、10W 等。

3.1.2　电阻器的识别与检测

1. 电阻器参数识别

1)直标法

采用直标法的电阻器,其电阻值用阿拉伯数字、允许误差用百分数直接标注在电阻器的表面上。额定功率较大的电阻器,将额定功率也直接标注在电阻器上。

直标法电阻值的单位有欧姆(Ω)、千欧(kΩ)和兆欧(MΩ)。例如,2.2kΩ ±5%,5W-4.7Ω ±10% 等。

2)文字符号法

采用文字符号法标注参数的电阻器,其电阻值用数字与符号组合在一起表示。

通常,文字符号 Ω、K、M 前面的数字表示电阻整数数值,文字符号后面的数字表示小数点后面的小数阻值,其允许误差也用符号表示。例如,3R3K 表示电阻器的电阻值为 3.3Ω,允许

误差为 ±10% ;4K7J 表示电阻器的电阻值为 4.7kΩ,允许误差为 ±5% 。

3)色标法

色标法就是规定一种颜色代表一个数字,用标在电阻器上的不同颜色的色环来标注电阻值和允许误差。

色环电阻器分为四色环和五色环两种,如图 3.3 所示。对于四色环,第 1、2 环表示电阻值的前两位有效数字,第 3 环表示有效数乘以 10 的幂次数(即乘以 10^i,i 为第 3 环色环所表示的数字),其单位为 Ω,第 4 环表示允许误差。

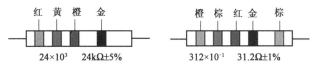

图 3.3　色环电阻的表示法

对于五色环电阻器,1、2、3 环表示有效数字,4 环表示有效数乘以 10 的幂次数,5 环表示误差。表 3.3 列出了各种颜色的色环所代表的数字大小。

表 3.3　颜色所代表的数字

颜色	黑	棕	红	橙	黄	绿	蓝	紫	灰	白	金	银
对应数字	0	1	2	3	4	5	6	7	8	9	-1	-2

注:判断第一条色环的方法。四色环电阻为普通型电阻,只有三种误差系列,允许误差为 ±5% 、±10% 、±20% ,所对应的色环为金色、银色、无色。而金色、银色、无色这三种颜色没有有效数字,所以,金色、银色、无色作为四色环电阻器的误差色环,即为最后一条色环。

4)数码法

用三位数字表示电阻器的标称阻值,用字母表示允许误差。三位数字中,前两位表示有效位数,第三位表示有效位数乘以 10 的幂次数,如 103J 为 10kΩ ±5% 。数码法适用于贴片等小体积电阻和集成电阻器。

数码法常用 4 种表示方法:

(1)三位数字,不加 R。前两位代表有效数字,后一位代表倍率,即"0"的个数,单位均为Ω,如 103 = 10000Ω。

(2)二位数字后加 R 标注法。标注为"51R"的电阻器其电阻值为 51Ω,R 代表单位 Ω。

(3)二位数字中间加 R 标注法。标注为"9R1"的电阻器其电阻值为 9.1Ω,R 代表小数点。

(4)四位数字标注法。标注为"5232"的电阻器其电阻值为 $523 \times 10^2 Ω = 52.3kΩ$。

2.电阻器的检测

首先应对电阻进行外观检查,即查看外观是否完好无损、标志是否清晰。对电阻的检测,主要是检测其阻值及其好坏,用万用表的电阻挡测量电阻的阻值,将测量阻值和标称阻值进行比较,从而判断电阻是否出现故障。注意测量前应切断电阻与其他元器件的连接。

(1)用指针万用表检测电阻。首先选择测量挡位,一般 100Ω 以下电阻器可选 R×1 挡,100Ω ~1kΩ 的电阻器可选 R×10 挡,1 ~10kΩ 电阻器可选 R×100 挡,10 ~100kΩ 的电阻器可选 R×1k 挡,100kΩ 以上的电阻器可选 R×10k 挡。测量时将万用表的两表笔分别接电阻器的两端,根据表针所指刻数确定电阻值。如果表针不动、指示不稳定或指示值与电阻器上的标称阻值相差很大,则说明该电阻器已损坏。

(2)用数字万用表检测电阻。首先将万用表指针拨至电阻挡的合适挡位,将黑色表笔插入"COM"插孔,红色表笔插入"V/Ω/Hz"插孔。将两表笔跨接在被测电阻两端金属部位上时,要保证被测电阻不带电,否则会烧坏万用表。测量中可以用手接触电阻,但不要用手同时接触电阻两端,否则会影响测量精度。如果在测量时不知道被测电阻的阻值大小,尽量先用大点的挡位来测量,然后根据测量值再将挡位拨到与被测电阻值相近的挡位。查看万用表的显示值,即为阻值,若显示值与标称阻值相差过大,超过允许误差,则说明电阻已损坏。

3.1.3 电位器

1. 电位器的基础知识

电位器是一种可调电阻器,对外有三个引出端,其中两个为固定端,一个为滑动端(也称中心抽头),滑动端在两个固定端之间的电阻体上作机械运动,使其与固定端之间的电阻发生变化。电位器在电路中用字母 R 或 RP 表示,其电路符号如图 3.4 所示。

(a)滑动电位器   (b)可调电阻器

图 3.4　电位器的一般电路符号

电位器按接触方式及材料可分为接触式(线绕、实芯、膜式)和非接触式(光电、磁敏)电位器,按结构特点可为分单圈、多圈、单联、双联、带开关、锁紧和非锁紧电位器;按调节方式可分为旋转式和直滑式电位器。

电位器的型号命名、主要技术参数均与电阻器相同。电位器应用很广,如收音机中的音量控制,电视机中的音量、亮度、对比度调节就是通过电位器来完成的。为了使用上的方便,有的电位器上还装有电源开关。图 3.5 为常见电位器的外形图。

图 3.5　常见电位器的外形图

2. 电位器的检测方法

首先应对电位器进行外观检查,即查看外观是否完好无损、标志是否清晰等。转动电位器的转轴,看转动是否平滑、有无机械杂音等。带开关的电位器应检查开关是否灵活。检测电位器前,应先切断电位器与其他元器件的连接。

然后用万用表电阻挡对电位器进行检测:检测电位器的质量时,先用万用表测量电位器 1~3 端的总阻值,看是否在标称范围内;再将万用表表笔接于 1~2 端或 2~3 端间,同时慢慢地旋动电位器的轴,看万用表的指示是否连续、均匀地变化,其阻值应在 0 到标称阻值之间连续变化,如变化不连续(跳动)或变化过程中电阻值不稳定,则说明电位器内部接触不良。测量过程中如万用表指针平稳移动而无跌落、跳跃或抖动等现象,则说明电位器正常。

3.2 电容器

3.2.1 电容器相关基础知识

1.电容器的作用及分类

电容器是一种可储存电能的元件。其结构简单,主要是由两个相互靠近的极板中间夹一层不导电的绝缘介质构成。电容器广泛应用在各种高、低频电路和电源电路中,起退耦(指消除或减轻两个以上电路间在某方面相互影响的方法)、耦合(将两个或两个以上的电路连接起来并使之相互影响的方法)、滤波(滤除干扰信号、杂波等)、旁路(与某元器件或某电路相并联,其中某一端接地)、谐振(指与电感并联或串联后,其振荡频率与输入频率相同时产生的现象。例如,谐振选择电台频率)、降压、定时等作用。

电容器在电路中用字母"C"表示,图 3.6 是电容器的电气图形符号,电容常用单位有法(F)、毫法(mF)、微法(μF)、纳法(nF)、皮法(pF),换算关系如下:

$$1F = 10^3 mF = 10^6 \mu F = 10^9 nF = 10^{12} pF$$

| (a)一般电容器 | (b)电解电容器 | (c)半可变电容器 | (d)可变电容器 | (e)同轴双联可变电容器 |

图 3.6　电容器的电气图形符号

电容器的种类较多,分类方法也有多种,按其结构及电容量是否能调节可分为固定电容器和可变电容器(包括微调电容器)。电容器按其使用介质材料的不同可分为瓷介、纸介、云母、独石、铝电解、钽电解等类型。常见电容器的外形如图 3.7 所示。

(1)纸介电容器。用纸做介质,其温度系数大,稳定性差,损耗大,有较大的固有电感,只适应于要求不高的场合。

(2)金属化纸介电容器。结构和性能与纸介电容器相近,体积和损耗较其小。

(3)云母电容器(CY 型)。云母电容器的优点是稳定性好,耐压高,精密度高,介质损耗小,固有电感量小,可以工作在高频电路中。缺点是其容量比较小,通常在 10 ~ 51000pF 之间。

(4)瓷介电容器(CC 型)。瓷介电容器又称瓷片电容,其形状多为片状。瓷介电容器的优点是体积小,介质耗损和固有电感量小,可工作在超高频范围内,且耐热性能和稳定性能都很好。其缺点是容量小,容量范围约为 1 ~ 100000pF。为了克服瓷介电容器容量小的缺点,现在一般采用铁电陶瓷电容器和独石电容器,容量可以达到几个微法,但其温度系数、损耗及容量误差都较大。

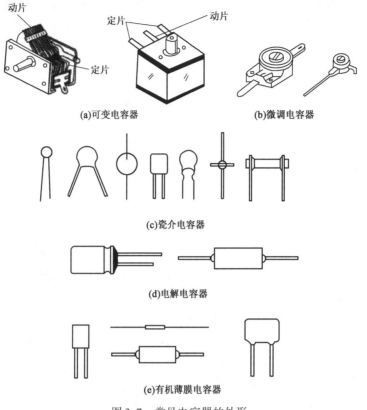

(a)可变电容器　　　　　　　　(b)微调电容器

(c)瓷介电容器

(d)电解电容器

(e)有机薄膜电容器

图3.7　常见电容器的外形

（5）有机薄膜电容器。使用较多的有机薄膜电容器有 CB 型聚苯乙烯薄膜电容器和 CL 型涤纶电容器。CB 型聚苯乙烯薄膜电容器有体积小、损耗小、绝缘电阻大、稳定性好等优点,其性能可与云母电容器相比拟,但其成本低于云母电容器,且容易制成各种规格的高精度电容器。CL 型涤纶电容器有体积小、容量大、价格便宜等优点,但稳定性较差,适用于低频和要求不高的电路中。

（6）玻璃釉电容器(CI 型)。玻璃釉电容器具有瓷介电容器和云母电容器体积小、频率特性好、耐热性能好的优点,可工作在 125℃ 的高温下。

（7）电解电容器(CD、CA 型)。电解电容器是有极性的,正极必须接高电位,负极必须接低电位,否则容易使电容器发热损坏,严重时会发生爆炸。电解电容器中使用最广的是 CD 型铝电解电容器,其优点是容量大、价格低,不足之处是容量误差大、稳定性差、固有电感量大、漏电流大等。一般用在电源滤波、去耦、旁路和低频级间偶合等场合。在要求较高的电路中常采用 CA 型钽电解电容器,它具有体积小、漏电小、工作稳定性高,且耐高温、寿命长等优点。但钽为稀有金属,故其价格比较贵。

2.电容器的主要特性参数

（1）标称容量与允许误差。电容器的标称容量是指在电容上所标注的容量,电容器实际电容量与标称电容量之差除以标称电容量所得的百分数为电容器的允许误差,允许误差范围称为精度。电容器容量的误差一般分为三级,即 ±5%、±10%、±20%,或写成 Ⅰ 级、Ⅱ 级、Ⅲ 级。有的电容器误差可能大于20%。表3.4列出了电容器的误差级别。

表 3.4　电容器的误差级别

级　别	005	01	02	I	II	III	IV	V
误差	±0.5%	±1%	±2%	±5%	±10%	±20%	+30% -20%	+50% -20%
字母表示	D	F	G	J	K	M	N	S

（2）额定工作电压。额定工作电压也称电容器的耐压值，是指电容器在规定的温度范围内，能够连续正常工作时所能承受的最高电压。该值通常直接标注在电容器外壳上。在实际应用时，电容器的工作电压应低于电容器上标注的额定工作电压值，否则会造成电容器因过压而击穿损坏。常用固定式电容的直流工作电压系列为 6.3V、10V、16V、25V、40V、63V、100V、160V、250V、400V。

（3）漏电流。电容器的介质材料不是绝对绝缘体，它在一定的工作温度及电压条件下，也会有电流通过，此电流即为漏电流。一般电解电容器的漏电流略大一些，而其他类型电容器的漏电流较小。

（4）绝缘电阻。绝缘电阻也称漏电阻，它与电容器的漏电流成反比。漏电流越大，绝缘电阻越小。绝缘电阻越大表明电容器的漏电流越小，质量越好。

（5）温度系数。温度系数是指在一定温度范围内，温度每变化 1℃时，电容器容量的相对变化值。温度系数值越小，电容器的性能越好。

（6）频率特性。频率特性是指电容器对各种不同高低的频率所表现出的性能。不同介质材料的电容器，其最高工作频率也不同。例如，容量较大的电容器（如电解电容器）只能在低频电路中正常工作，高频电路中只能使用容量较小的高频瓷介电容器或云母电容器等。

3.2.2　电容器的识别与检测

1. 电容器参数识别

电容器参数的识别方法和电阻器的识别方法基本相同，分为直标法、文字符号法、色标法和数码法。

（1）直标法。将电容的各项参数在电容的本体上表示出来，适用于体积大的电容器，如电解电容器、聚丙烯电容器等。

（2）文字符号法。

①国际电工委员会推荐的表示方法。具体内容是：用 2～4 位数字和一个字母表示标称容量，其中数字表示有效值，字母表示数字的量级。字母为 m、μ、n、p，其中 m 表示毫法（10^{-3}F），μ 表示微法（10^{-6}F），n 表示毫微法（10^{-9}F），p 表示微微法（10^{-12}F）。字母有时也表示小数点，如 33m 表示 33mF，47n 表示 47nF，3μ3 表示 3.3μF，5n9 表示 5.9nF，2p2 表示 2.2pF。另外，也有些是在数字前面加 R，则表示为零点几微法，即 R 表示小数点，如 R22 表示 0.22μF。

②不标单位的表示法。这种方法是用 1～4 位小数表示，其单位为 μF，如 0.01 表示为 0.01μF，0.1 表示为 0.1μF，.1 表示为 1μF。

（3）数码表示法。在电容器上用三位数码表示标称值的表示方法。例如 154，前两位为电容器标称容量的有效数字，第三位表示有效数字后面零的个数（即乘以 10^i，i 为第三位数字），其单位为 pF。在这种方法中有一种特殊情况,就是当第三位数字为"9"时,是用有效数字 × 10^{-1} 来表示容量,如 473 表示 $47 \times 10^3 pF$,应写为 47000pF;224 表示 $22 \times 10^4 pF$,应写为 220nF;479 表示 $47 \times 10^{-1} pF$,应写为 4.7pF;229 表示 $22 \times 10^{-1} pF$,应写为 2.2pF。

（4）色码表示法。用色环或色点表示电容器主要参数的方法,与电阻器的色环表示相似,但色码只有三环,前两环为有效数字,第三环为有效数字后面零的个数,单位为 pF。

2. 电容器的检测

电容器的常见故障主要有开路故障、击穿和漏电、容量减小、变质及破损等。开路故障时电容器的引脚在内部断开使电容的电阻为无穷大;电容击穿时电容的两极板间的介质绝缘性被破坏,变成导体,电容的阻值为零;电容漏电导致在电路中电阻变小、漏电流过大。

1）用指针万用表检测电容

用指针万用表电阻挡进行电容的充放电测试的步骤如下:(1)利用尖嘴钳对电容器进行放电,从电路板取下电容器;(2)两只表笔分别接触被测电容的管脚,对电容器充电,表针偏转后返回,再将两表笔调换一次测量,表针将再次偏转并返回。测试过程中,万用表指针偏转表示充放电正常,指针能够回到∞,说明电容器没有短路。

（1）无极性电容器的检测。此类电容器容量小,需使用万用表的高电阻挡观察被测电容器的充放电现象。检测不大于 $1\mu F$ 的电容选用 $R \times 10k$ 挡;检测大于 $1\mu F$ 的电容选用 $R \times 1k$ 挡。若指针迅速向 0Ω 摆动并能回到∞,说明电容正常。

（2）电解电容器的检测。电解电容器容量较大,需使用万用表低电阻挡检测,可以清楚地看到指针在充放电过程中的偏转。检测电容在 $1 \sim 100\mu F$ 选用 $R \times 1k$ 挡;检测电容在 $100\mu F$ 以上,选用 $R \times 100$ 挡,表针摆动幅度能达到满刻度,无法比较电容大小,这时可降低电阻挡位,用 $R \times 10$ 挡。$1000\mu F$ 以上的电容器甚至可用 $R \times 1$ 挡来测试,根据电解电容器正接时漏电电流小、反接时漏电电流大的特点,可以判别其极性。

（3）可变电容器的检测。可变电容器容量从几皮法到几百皮法变化,用万用表测量常常看不出指针偏转,只能判别是否有短路(特别是空气介质可变电容器易碰片)。将两只表笔分别接在可变电容器的动片和静片引出线上,旋转电容器动片,观察万用表指针,此时万用表指针都应指向∞。如发现表针有时偏转至零,说明动片与定片之间有碰片处;如果在旋转过程中表针有时指向一定阻值,说明动片与定片之间存在漏电现象。旋转动片时速度要慢,以免漏过短路点。

2）用数字万用表检测电容

（1）用数字万用表的电阻挡位定性测量电容器:将数字万用表拨至适当的电阻挡位,万用表表笔分别接至电容 C 两端,此时屏幕显示值从"000"开始逐渐增加,直至屏幕显示"1"(充电);然后将两表笔交换位置,显示屏上显示逐渐减小的负值(放电),再显示从"000"开始逐渐增加,直至屏幕显示"1"(这是反向充电过程,相比正向充电要快),表明电容充放电正常,容量越大,充放电过程越长,这也间接检测了电容量的大小。

（2）用数字万用表的电容挡位定量测量:用数字万用表测量电容器的电容量,并不是所有的电容器都可以测,要依据万用表的量程来确定。具体方法是:将数字万用表置于电容挡,根据电容量的大小选择合适的挡位,待被测电容充分放电后,将待测电容直接插入测试孔内(或将万用表两表笔置于电容器两端),此时数字万用表的显示屏上将直接显示待测电容的电容量。

3.2.3 电容器的合理选用

电容器的种类繁多,性能指标各异,选用电容器时,不仅要考虑到电容器的各种性能和它的体积、重量等因素,同时还应考虑电路的要求及电容器所处的工作环境。

1.电容器种类的选择

一般电源滤波、去耦合低频旁路宜选用铝电解电容器;高频、高压电路应该选用高频陶瓷、云母电容器;在谐振电路中,选用云母、陶瓷和有机薄膜等电容器;用作隔直流时可选用纸介、涤纶、云母、电解等电容器;在调谐回路,可选用空气介质或小型密封可变电容器。

2.电容器额定电压的选择

电容器的额定电压应高于电容器两端实际工作电压的 1~2 倍,不论选择何种电容器,都不得使其额定电压低于电路实际工作电压,否则电容器将会被击穿;也不要使其额定电压太高,否则不仅提高成本,而且电容器的体积必然加大。

3.非极性电容与电解电容器的并联使用

有些整流滤波电路中,在整流二极管两端或滤波用的大容量电解电容两端并联上一只容量较小的非极性电容器。前者是为了消除来自外部电源的高频瞬间脉冲的干扰,起到保护二极管的作用。后者是为了消除电解电容器的附加感抗,防止高频自激,容量大的电解电容器作为低频通路,小容量的非极性电容作为高频通路。

必须注意,电解电容器有极性,在交流电路中不能使用电解电容器。电解电容器的"+"极必须接直流正电压端,"-"极必须接负端或"地"(图 3.8),电解电容极性接反了会爆炸,并有危险后果;同样用额定电压不够的电容也会爆炸。

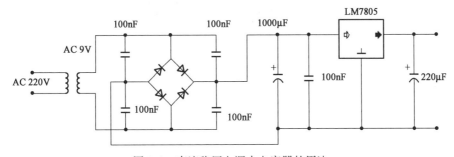

图 3.8　直流稳压电源中电容器的用法

3.3　电感器及变压器

3.3.1　电感器的相关基础知识

1.电感器的作用及分类

(1)电感器:用漆包线、纱包线或塑皮线等在绝缘骨架或磁芯、铁芯上绕制而成,用以产生一定自感量的一组串联的同轴线匝,它在电路中用字母"L"表示,是将电能转换为磁能并存储的电子元器件。

(2)电感器的作用:对交流信号进行隔离、滤波或与电容器、电阻器等组成谐振电路。

(3)符号及单位:电感的单位为亨利,字母符号为H,常用的电感单位还有毫亨(mH)和微亨(μH),它们之间的关系是:

$$1H = 10^3 mH, 1mH = 10^3 \mu H$$

(4)电感器的分类。电子设备根据种类及用途的不同,需要各种各样的电感器,电感器有多种分类方式。电感器按其结构的不同可分为固定式电感器和可调式电感器;电感器按用途可分为振荡电感器、效正电感器、显像管偏转电感器、阻流电感器、滤波电感器、隔离电感器、补偿电感器等;电感器按导磁体性质可分为空芯电感器、铁芯电感器、磁芯电感器、铜芯电感器。图3.9为电感器的电路符号,图3.10为小型固定电感器的外形。

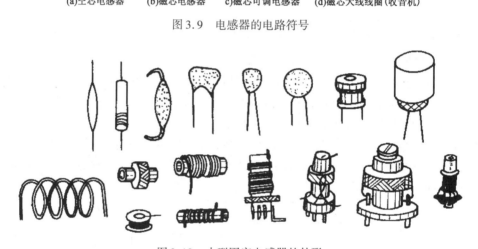

(a)空芯电感器 (b)磁芯电感器 c)磁芯可调电感器 (d)磁芯天线线圈(收音机)

图3.9　电感器的电路符号

图3.10　小型固定电感器的外形

2.电感器的主要特性参数

(1)电感量 L。电感器电感量 L 的大小,主要取决于线圈的圈数(匝数)、绕制方式、有无磁芯及磁芯的材料等。通常,线圈圈数越多,绕制的线圈越密集,电感量就越大。有磁芯的线圈比无磁芯的线圈电感量大;磁芯磁导率越大的线圈,电感量也越大。

(2)允许误差。允许误差是指电感器上标称的电感量与实际电感量的有效误差值。一般用于振荡或滤波等电路中的电感量要求精度较高,允许误差为 ±0.2% ~ ±0.5%;而用于耦合、高频阻流等线圈的精度要求不高,允许误差为 ±10% ~ ±15%。

(3)品质因数。品质因数也称 Q 值,是衡量电感器质量的主要参数。它是指电感器在某一频率的交流电压下工作时,所呈现的感抗 X_L 与其等效损耗电阻 R 之比,或者为储存能量与消耗能量的比值。电感器的 Q 值越高,其损耗越小,效率越高。电感器品质因数的高低与线圈导线的直流电阻、线圈骨架的介质损耗,以及铁芯、屏蔽罩等引起的损耗等有关。

(4)分布电容。分布电容是指线圈的匝与匝之间、线圈与磁芯之间存在的电容,这些电容的作用可以看作一个与线圈并联的等效电容。分布电容的存在使线圈的 Q 值减小,稳定性变差,因此电感器的分布电容越小,其稳定性越好。

（5）额定电流。额定电流是指电感器在正常工作时所允许通过的最大电流值。若工作电流超过额定电流,则电感器就会因发热而使性能参数发生改变,甚至还会因过流而烧毁。

3.3.2 电感器的识别与检测

1.电感器的参数表示与识别

（1）直标法。直标法是将电感器的标称电感量用数字和文字符号直接标在电感器外壁上。电感量单位后面用一个英文字母表示其允许误差,各字母所代表的允许误差见表3.5。例如:560μHK 表示标称电感量为 560μH,允许误差为 ±10%。

表 3.5　电容器的误差级别

英文字母	C	D	F	G	J	K	M	N
允许误差	±0.25%	±0.5%	±1%	±2%	±5%	±10%	+20%	+30%
色环表示	—	—	棕	红	金	银	黑	—

（2）文字符号法。文字符号法是将电感器的标称值和允许误差值用数字和文字符号按一定的规律组合标示在电感器上。采用这种标示方法的通常是一些小功率电感器,其单位通常为 nH 或 μH,用 n 或 R 代表小数点。例如:4n7 表示电感量为 4.7nH,4R7 则表示电感量为 4.7μH,47n 表示电感量为 47nH。采用这种标示法的电感器通常后缀一个英文字母表示允许误差,各字母代表的允许误差和直标法相同。

（3）色标法。色标法是指在电感器表面涂上不同的色环来代表电感量(与电阻器类似),通常用四色环表示。紧靠电感体一端的色环为第一环,露着电感体本色较多的另一端为末环。其第一色环为十位数,第二色环为个位数,第三色环为倍数,第四色环为误差,单位为 μH。例如:色环颜色为棕黑金金,表示电感量为 1μH,误差为 ±5%。

（4）数码标示法。数码标示法是用三位数字表示电感器电感量的标称值,第一位、第二位为有效数字,第三位数字表示倍数,即有效数字后面所加"0"的个数。一个英文字母表示其允许误差,单位为 μH。如果电感量中有小数点,则用"R"表示。例如:102J 表示电感量为 1000μH,允许误差为 ±5% ;470K 表示电感量为 47μH,允许误差为 ±10%。

2.电感器的检测

（1）检查线圈外观有无断线、生锈、松散或烧焦等情况。

（2）使用万用表检测电感器是否开路或局部短路。用数字万用表的欧姆挡测量线圈的直流电阻。在测量前,首先将电感器从电路板上拆下来,然后清洁电感器两端引脚,除掉引脚上的灰尘和氧化物,清洁完成后开始测量。电感器的直流电阻一般很小,匝数多、线径细的能达几十欧,对于有中心抽头的线圈只有几欧左右。若用万用表电阻挡测得的阻值远大于上述阻值,则说明线圈开路;若阻值为 0,其内部有短路;若阻值为 ∞,其内部开路;只要能测出阻值,外形、外表颜色正常,则被测电感正常。

3.3.3 变压器

1. 变压器的作用及电路图形符号

变压器也是一种电感,是一种利用互感原理来传输能量的器件,在电路中用字母"T"表示,其电路图形符号如图 3.11 所示。

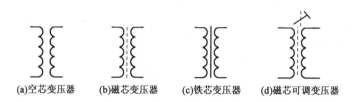

(a)空芯变压器　(b)磁芯变压器　(c)铁芯变压器　(d)磁芯可调变压器

图 3.11　变压器的电路图形符号

变压器利用其一次(初级)、二次(次级)绕组之间圈数(匝数)比的不同来改变电压比或电流比,实现电能或信号的传输与分配,主要有降低交流电压、提升交流电压、信号耦合、变换阻抗、隔离等作用。

2. 变压器的主要特性参数

(1)电压比 n。电压比指变压器的一次电压与二次电压的比值,或一次绕组匝数与二次绕组匝数的比值。

(2)额定功率 P。额定功率一般用于电源变压器,它是指电源变压器在规定的工作频率和电源下,能长期工作而不超过限定温度时的输出功率。

(3)频率特性。频率特性是指变压器有一定的工作频率范围,不同工作频率范围的变压器,一般不能互换使用,因为变压器在其频率范围以外工作时,会出现工作时温度升高或不能正常工作等现象。

(4)效率。效率是指在额定负载时,变压器输出功率与输入功率的比值。变压器的效率值一般在 60%~100% 之间。

(5)空载损耗。空载损耗指变压器二次侧开路时,在一次侧测得的功率损耗。主要损耗是铁芯损耗,其次是空载电流在一次绕组(铜损)上产生的损耗,这部分损耗较小。

(6)绝缘电阻。绝缘电阻指变压器各绕组之间以及各绕组对铁芯(或机壳)之间的电阻。它表示变压器各线圈之间、各线圈与铁芯之间的绝缘性能。

3. 变压器的种类

变压器按工作频率可分为高频变压器、中频变压器和低频变压器。

变压器按其用途可分为电源变压器、音频变压器、脉冲变压器、恒压变压器、耦合变压器、自耦变压器、隔离变压器等多种。图 3.12 为音频变压器和电源变压器的外形。

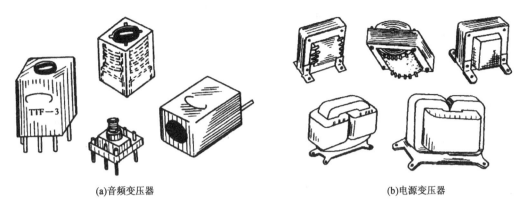

(a)音频变压器   (b)电源变压器

图 3.12　两种变压器的外形

4.变压器的检测方法

测量绝缘电阻,用万用表欧姆挡,将一支表笔放在铁芯上,另一支表笔放在一次绕组或二次绕组上,分别测量各绕组对铁芯之间的电阻,若阻值较小,则绝缘性能差;若阻值为∞,则性能正常。

检测初级、次级绕组电阻。检测方法与电感器一样,使用万用表欧姆挡测量,若阻值为0,其内部有短路;若阻值为∞,其内部开路。要注意线圈有无烧焦或变形,如有,一般应更换。

3.4　半导体分立器件

半导体分立器件主要包括晶体二极管、晶体三极管、场效应晶体管和晶闸管。

3.4.1　晶体二极管

晶体二极管简称二极管,实质上是一个 PN 结,从 P 区和 N 区各引出一条引线,然后再封装在一个管壳内,就制成了一个二极管,P 区的引出端称为正极,N 区的引出端称为负极(阴极),其文字符号为 VD。几种常用二极管的图形符号如图 3.14 所示。

(a)普通二极管　(b)稳压二极管　(c)发光二极管　(d)光敏二极管　(e)变容二极管

图 3.13　常用二极管的图形符号

按照结构工艺不同,二极管可以分为点接触型和面接触型。点接触型二极管 PN 结的接触面积小,结电容小,适用于高频电路,但允许通过的电流和承受的反向电压也比较小,所以适合在检波、变频等电路中工作;面接触型二极管 PN 结的接触面积较大,结电容比较大,不适合在高频电路中使用,但它可以通过较大的电流,多用于频率较低的整流电路。

二极管可以用锗材料或硅材料制造。锗二极管的正向电阻很小,正向导通电压约为 0.15 ~ 0.35V,但反向漏电流大,温度稳定性较差,现在大部分场合被肖特基二极管(正向导通电压为 0.2V)取代;硅二极管的反向漏电流比锗二极管小得多,缺点是需要较高的正向电压(0.5 ~

0.7V)才能导通,只适用于信号较强的电路。

二极管应该按照极性接入电路,大部分情况下,应该使二极管的正极(或称阳极)接电路的高电位端,而稳压管的负极(或称阴极)要接电源的正极,其正极接电源的负极。

1.常用二极管的特性

常用的二极管的特性及其用途在表3.6中列出。

表3.6　常用的二极管的特性及其用途

名　称	原　理　特　性	用　途
整流二极管	利用 PN 结的单向导电性,多用硅材料制成	把交流电变成脉动直流,即整流
检波二极管	常用点接触型,高频性能好	把调制在高频电磁波的低频信号检出来
稳压二极管	利用二极管反向击穿时,两端电压不变原理	稳压限幅,过载保护,广泛应用于稳压电源装置中
开关二极管	利用正向偏压时二极管电阻很小,反向偏压时电阻很大的单向导电性	在电路中,对电流进行控制,起到接通或关断的开关作用
变容二极管	利用 PN 结电容随加到管子上的反向电压大小而变化的特性	在调谐等电路中取代可变电容器
发光二极管	正向电压为 1.5～3V 时,只要正向电流流过,就可以发光	用于指示,可组成数字或符号的 LED 数码管
光电二极管	将光信息转换成电信号,有光照时其反向电流随光照强度的增加而正比上升	用于光的测量或作为能源即光电池

2.二极管的主要参数

(1)最大整流电流 I_F。它是指二极管长期正常工作时,能通过的最大正向电流值。二极管工作时,有电流通过则会发热,电流过大时就会发热过度而烧毁,所以二极管应用时要特别注意工作电流不能超过其最大整流电流。

(2)反向电流。它是在给定的反向偏压下,通过二极管的直流电流。理想情况下,二极管具有单向导电性(图3.14),但实际上反向电压下总有一点微弱的电流,这一电流在反向击穿之前大致不变,故又称为反向饱和电流。通常硅管有 $1\mu A$ 或更小,锗管有几百微安。反向电流的大小,反映了晶体二极管的单向导电性的好坏,反向电流的数值越小越好。

(3)最大反向工作电压。它是二极管正常工作时所能承受的反向电压的最大值。二极管反向连接时,如果把反向电压加大到某一数值,管子的反向电流就会急剧增大,管子呈现击穿状态,这时的电压称为击穿电压。晶体二极管的反向工作电压一般为击穿电压的1/2,其最高反向工作电压则定为反向击穿电压的2/3。晶体二极管的损坏,一般来说电压比电流更为敏锐,也就是说,过电压更容易引起管子的损坏,故应用中一定要保证不超过最大反向工作电压。

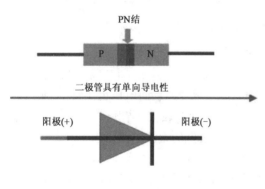

图3.14　二极管的单向导电性

3.二极管的识别与检测

二极管有多种封装形式,比较常用的有塑料封装和玻璃封装(图3.15)。老式的大功率、大电流的整流二极管仍采用金属封装,并且有装散热片的螺栓。玻璃封装的二极管可能是普通二极管或稳压二极管,在目测没有把握辨别的情况下,要依靠万用表或者专用设备来区分。因为玻璃封装的稳压二极管和普通二极管外形一样,不同的二极管在电路中起的作用是不同的,特别是稳压二极管,它的最大特点就是工作在反向连接状态。

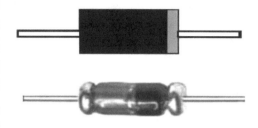

图3.15 塑料封装和玻璃封装的二极管

1)从标记识别

(1)外壳上有二极管的符号,箭头的方向就是电流流动的方向,故箭头指的方向为负极。

(2)封装成圆球形的,一般用色点表示的,色点处为阴极。封装成柱状的,靠近色环(通常为白色)的引线为负极。

2)用指针式万用表测量

用指针式万用表检测时,应选择欧姆挡。当黑笔接正极,红笔接负极时,二极管正向导通,这时的正向电阻很小;把表笔对调过来测量时,二极管反向偏置,测得的阻值很大。比较两次测量的结果,测得阻值小的那一次,黑表笔为正(P)极,红表笔为负(N)极。

如果两次测量结果阻值都很小,或者阻值相差无几,说明二极管的特性变差或短路,不能再使用了。如果两次测量的读数均为无穷大,那说明二极管开路了。

由于二极管是非线性元件,用不同量程的欧姆挡或不同型号的万用表测试时,所得阻值不同,但二极管正反向电阻相差几百倍,这一原则是不变的。

3)用数字万用表检测

用数字万用表可以很方便地判断出二极管的极性,方法如下:如图3.16所示,将数字万用表拨到二极管挡,将红表笔插入万用表的 V/Ω 插孔,黑表笔插入 COM 插孔,然后分别用两表笔接触二极管的两个电极,正反向交换表笔一次,在其中的一次测量中显示屏上具有 0.5 ~ 0.75 之间(硅管)或0.15 ~ 0.35 之间(锗管)的读数,这时红表笔所接触的电极就是二极管的正极(即 PN 结的 P端),黑表笔接触的电极就是负极(即 PN 结的 N 端)。

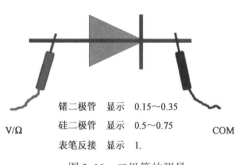

锗二极管	显示	0.15~0.35
硅二极管	显示	0.5~0.75
表笔反接	显示	1.

V/Ω   COM

图3.16 二极管的测量

4)用发光二极管测量

发光二极管(图3.17)正、反向压降与普通二极管的测试方法一致,只是其正向电压在1.5 ~ 3V 之间,工作电流在1mA 左右。发光二极管工作时一定要接上限流电阻。

用数字万用表进行发光二极管的检测,首先将万用表的红表笔接 V/Ω 插孔,黑表笔插 COM 插孔,将转换开关拨至二极管挡,然后将发光二极管的长脚(+)接红表笔,短脚(-)接黑表笔,管子发光为正常,同时万用表显示屏上显示二极管的导通压降(1.5 ~ 3V 之间)。若不发光,则说明管脚插反或管子已坏。

图 3.17 发光二极管

3.4.2 晶体三极管

晶体三极管又称为双极型三极管(因有两种载流子同时参与导电而得名),简称晶体管或三极管。它是由两个做在一起的 PN 结加上相应的引出电极线封装组成。它是一种电流控制电流的半导体器件,可用来对微弱的信号进行放大和做无触点开关。由于三极管具有放大作用,用三极管可以组成放大、振荡及各种功能的电子电路,所以它在电子电路中的应用十分广泛,是电子设备中的核心器件之一。三极管常用字母"Q""V""VT"表示,分 PNP 型和 NPN 型两种,其内部结构和电路符号如图 3.18 所示。

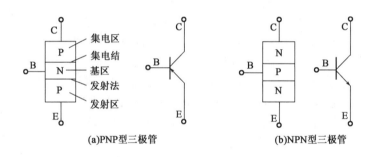

(a)PNP型三极管   (b)NPN型三极管

图 3.18 三极管的内部结构和电路符号

1. 三极管的分类

三极管的分类方法很多,按结构可分为点接触型和面接触型;按生产工艺可分为合金型、扩散型和平面型等。最常用的分类是按照应用角度:依工作频率分为低频三极管、高频三极管和开关三极管;依工作功率可分为小功率三极管、中功率三极管和大功率三极管;按其导电性能可分为 PNP 型和 NPN 型;按其构成的材料可分为锗管和硅管。三极管的各种封装形式如图 3.19所示。

锗管或硅管,都有 PNP 型和 NPN 型两种导电类型,都有高频管和低频管、大功率管和小功率管,但它们在电气特性上还是有一定差距的。(1)锗管比硅管具有较低的起始工作电压,锗管的基极和发射极之间有 0.2 ~ 0.3V 的电压即可开始工作,而硅管的基极和发射极之间有 0.6 ~ 0.7V 的电压才能工作。(2)锗管比硅管具有较低的饱和压降,晶体管导通时,锗管发射极和集电极之间的电压比硅管更低。(3)硅管比锗管具有较小的漏电流和更平直的输出特性。

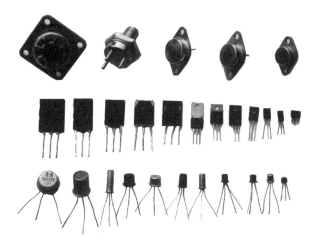

图 3.19 三极管的各种封装形式

2. 三极管的主要参数

(1)共发射极电流放大倍数。共发射极电流放大倍数可分为直流放大倍数(h_{FE})和交流放大倍数(β)两种。直流放大倍数是指在没有交流信号输入时,共发射极电路输出的集电极直流电流与基极输入的直流电流之比。它是衡量三极管有无放大作用的主要参数,正常三极管的 h_{FE} 应为几十至几百。共发射极交流电路中,集电极电流和基极输入电流的变化量之比称为交流放大倍数。β 越小,表明三极管的放大能力越差,但 β 越大,往往三极管的工作稳定性越差。

(2)集电极最大允许电流。三极管的放大倍数在集电极电流过大时也会下降。放大倍数下降到额定值的 2/3 或 1/2 时的集电极电流为集电极最大允许电流。三极管工作时的集电极电流最好不超过集电极最大允许电流。

(3)集电极最大允许耗散功率。三极管工作时,集电极电流通过集电结会耗散功率,耗散功率越大,集电结的温升就越高。根据三极管允许的最高温度,定出集电极最大允许耗散功率。小功率管的集电极最大允许耗散功率在几十至几百毫瓦之间,大功率管却在 1W 以上。

3. 三极管的检测方法

首先应对三极管进行外观检查,查看外观是否完好,结构是否无损,标志是否清晰等,然后用数字万用表检测。下面主要介绍用数字万用表测量三极管的方法。

(1)判断管型和基极 b。首先将数字万用表的转换开关置于二极管挡,红、黑表笔按正确的方法插到相应的插孔(红表笔插 V/Ω,黑表笔插 COM)。然后用表笔分别触三极管的三个电极,总能找到其中的一个电极对另外的两个电极读数为 0.5 ~ 0.8V(硅管),或0.15 ~ 0.35V(锗管),该电极就是基极 b。

(2)发射极 E、集电极 C 的判断。利用数字万用表上 hFE 挡可以快速判断三个电极(图 3.20),当判断出是 NPN 或者 PNP 管的时候,同时也就把 b 极判断出来了,这时将数字万用

图 3.20 借助数字万用表的 hFE 挡位判断 C、E 极

表的功能拨盘拨至 hFE 挡,将 PNP 或 NPN 管插入对应的孔中,读显示屏上的数字。先把判断出来的 b 极插进 B 孔,其余的 C、E 两孔任意插,屏幕上就会显示两组读数(放大倍数),其中总有一组读数要大些,说明这时三极管与万用表内部电路连接后的偏置是正确的,这时候相应插孔所插的电极就是正确的。

3.4.3 场效应晶体管

场效应晶体管是一种通过电场效应控制电流的电子器件,属于电压控制型半导体器件和单极型晶体管,具有输入电阻高、噪声小、功耗低、动态范围大、易于集成、没有二次击穿现象、安全工作区域宽等优点,特别适用于高灵敏度、低噪声电路中。场效应晶体管一般由三个电极构成,其中 G 为栅极,D 为漏极,S 为源极。

1. 场效应晶体管的分类

场效应晶体管主要分为结型场效应晶体管(JFET)和绝缘栅型场效应晶体管(MOS 管)两大类。按沟道材料型和绝缘栅型各分 N 沟道和 P 沟道两种;按导电方式分为耗尽型与增强型,结型场效应晶体管均为耗尽型,绝缘栅型场效应晶体管既有耗尽型的,也有增强型。场效应晶体管分类及其电路符号如表 3.7 所示。根据不同封装形式分类,场效应晶体管也有直插式和表贴式两类。

表 3.7 场效应晶体管的分类和电路符号

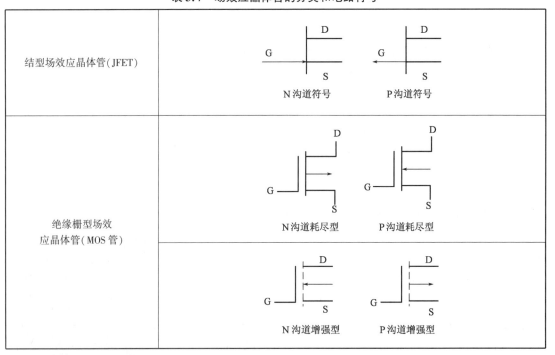

2. 场效应晶体管的主要性能参数

(1)饱和漏极电流。饱和漏极电流是指当栅极、源极之间的电压等于零,而漏极、源极之间的电压大于夹断电压时,对应的漏极电流,一般指连续工作电流。

（2）跨导。跨导描述栅极、源极电压对漏极电流的控制作用，是漏极电流的微变量与引起这个变化的栅极、源极电压微变量之比。

（3）击穿电压。漏极、源极击穿电压是指当漏极电流急剧上升时，产生雪崩击穿时的电压。栅极击穿电压是指结型场效应晶体管正常工作时，栅极、源极之间的 PN 结处于反向偏置状态，若电流过高产生击穿现象时的电压。

3.场效应晶体管检测

首先应对场效应晶体管进行外观检查，查看外观是否完好，结构是否无损，标志是否清晰等。然后可使用指针式万用表检测。

（1）场效应管的引脚识别。将指针式万用表置于 R×1k 挡，用两表笔分别测量每两个引脚间的正、反向电阻。当某两个引脚间的正、反向电阻相等，均为数千欧时，则这两个引脚为漏极 D 和源极 S(可互换)，余下的一个引脚即栅极 G。对于有 4 个引脚的结型场效应晶体管，另外一极是屏蔽极(使用中接地)。

（2）电阻法检测场效应晶体管的好坏。用万用表测量场效应晶体管的源极与漏极、栅极与源极、栅极与漏极电阻值同场效应晶体管手册标明的电阻值是否相符来判别管子的好坏。具体方法如下：首先将万用表置于 R×10 或 R×100 挡，测量源极与漏极之间的电阻，通常在几十欧到几千欧范围，如果测得阻值大于正常值，可能是内部接触不良；如果测得阻值为无穷大，可能是内部断极。然后用万用表置于 R×10k 挡，再测栅极与源极、栅极与漏极之间的电阻值，若测得其各项电阻值均为无穷大，则说明场效应晶体管是正常的；若测得上述各阻值太小或为通路，则说明场效应晶体管是坏的。

3.4.4 晶闸管

晶体闸流管简称晶闸管，也称为可控硅整流元件(SCR)，是由四层 PN 型半导体和三个 PN 结构成的一种大功率半导体器件。晶闸管有单向和双向之分，单向晶闸管由阳极 A、阴极 K 和门极(控制端)G 组成；双向晶闸管由门极 G、主电极 T1 和主电极 T2 组成。晶闸管电路结构及符号如图 3.21 所示。晶闸管常用于整流、调压、交直流变换、开关、调光等控制电路。晶闸管不仅具有单向导电性，而且还具有可控性，有导通和关断两种状态，但晶闸管一旦导通，控制极则失去作用。

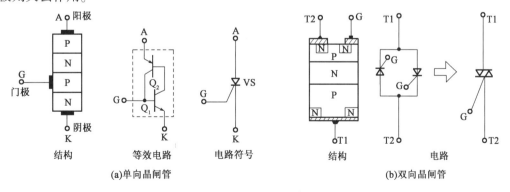

图 3.21 晶闸管结构及电路符号

1. 晶闸管的分类

(1)按关断、导通及控制方式,晶闸管可分为普通晶闸管、双向晶闸管、逆导晶闸管、门极关断晶闸管(GTO)、BTG 晶闸管、温控晶闸管和光控晶闸管等。

(2)按引脚和极性,晶闸管可分为二极晶闸管、三极晶闸管和四极晶闸管。

(3)按封装形式,晶闸管可分为金属封装晶闸管、塑封封装晶闸管和陶瓷封装晶闸管。

(4)按关断速度,晶闸管可分为普通晶闸管和高频晶闸管。

(5)按电流容量,晶闸管可分为大功率晶闸管、中功率晶闸管、小功率晶闸管。其中,小功率晶闸管多采用塑封或陶瓷封装;大功率晶闸管多采用金属壳等材料封装。晶闸管封装结构如图 3.22 所示。

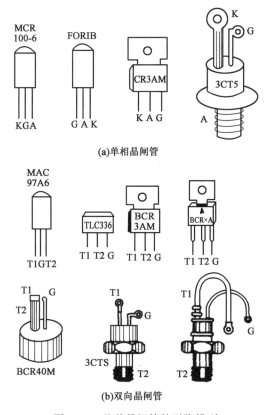

图 3.22　几种晶闸管的引脚排列

2. 晶闸管的主要性能参数

(1)额定正向平均电流。阳极和阴极之间可连续通过 50Hz 正弦电流的平均值即为额定正向平均电流。

(2)正、反向阻断峰值电压。正向阻断峰值电压指正向转折电压减去 100V 后的值,反向阻断峰值电压指反向击穿电压减去 100V 后的值。

(3)维持电流。在规定条件下能维持晶闸管导通所必需的最小正向电流为维持电流。

(4)门极触发电压、电流。在规定条件下使晶闸管导通所必需的最小门极直流电压为门极触发电压,此时的最小门极直流电流为门极触发电流。

3. 晶闸管的检测方法

晶闸管的极性和管型的检测方法:使用指针式万用表的 R×1 挡或 R×10 挡,测量任意两个极之间的电阻值。若有一组电阻值为几十欧至几百欧,且反向测量时电阻值较大,则所检测的晶闸管为单向晶闸管,黑表笔所接为门极 G,红表笔所接为阴极 K,另一个引脚为阳极 A;若有一组电阻值正、反向均为几十欧至几百欧,则所检测的晶闸管为双向晶闸管,黑表笔所接为第一阳极 T1,红表笔所接为门极 G,另一个引脚为第二阳极 T2。

3.5 集 成 电 路

3.5.1 集成电路的相关基础知识

集成电路(英文缩写 IC),是利用半导体技术或薄膜技术将半导体器件、阻容元件以及连线高度集中制成在一块小面积芯片上,再加上封装而成的结构上紧密联系的、具有特性功能的电路。集成电路在体积、重量、耗电、寿命、可靠性及电性能指标方面,远远优于晶体管分立元件组成的电路,因而在电子设备、仪器仪表、各种家用电器中得到广泛的应用。

1. 集成电路的分类

集成电路的品种相当多,按其功能不同可分为模拟集成电路和数字集成电路两大类。前者用来产生、放大和处理各种模拟电信号,后者则用来产生、放大和处理各种数字电信号。

集成电路按集成度高低可分为小规模集成电路、中规模集成电路、大规模集成电路、超大规模集成电路、甚大规模集成电路等。

集成电路按其制作工艺不同,可分为半导体集成电路、膜集成电路和混合集成电路三类,如图 3.23 所示。半导体集成电路是采用半导体工艺技术,在硅基片上制作包括电阻、电容、三极管、二极管等元器件并具有某种电路功能的集成电路;膜集成电路是在玻璃或陶瓷片等绝缘物体上,以"膜"的形式制作电阻、电容等无源器件。无源器件的数值范围可以做得很宽,精度可以做得很高。但目前的技术水平尚无法用"膜"的形式制作晶体二极管、三极管等有源器件,因而使膜集成电路的应用范围受到很大的限制。在实际应用中,多半是在无源膜电路上外加半导体集成电路或分立元件的二极管、三极管等有源器件,使之构成一个整体,这便是混合集成电路。根据膜的厚度不同,膜集成电路又分为厚膜集成电路(膜厚为 $1\sim10\mu m$)和薄膜集成电路(膜厚为 $1\mu m$ 以下)两种。在家电维修和一般性电子制作过程中遇到的主要是半导体集成电路、厚膜电路及少量的混合集成电路。

2. 集成电路的封装

(1)集成电路封装的作用。芯片封装就是把工厂生产出来的集成电路裸片放到一块起承载作用的基板上,再把引脚引出来,然后固定包装成为一个整体,可以起到机械支撑和机械保护、环境保护、传输信号、分配电源、散热等保护芯片的作用,相当于是芯片的外壳,不仅能固定、密封,还能增强电热性能。因此,封装对集成电路而言,非常重要。

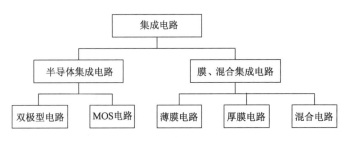

图 3.23　集成电路按制作工艺不同分类

（2）集成电路封装分类。

按照集成电路封装材料介质，可以分为金属封装、陶瓷封装、金属陶瓷封装和塑料封装。

按照集成电路与主电路板的连接方式，集成电路封装分为三类：通孔插装式安装器件（PTH）、表面贴装器件（SMT）和裸芯片直接贴附电路板型（DCA）。

按封装形式分：TO、SOT、SIP、DTP（SDIP）、SOP（SSOP/TSSOP/HSOP）、QFP（LQFP）、QFN、PGA、BGA、CSP 等。

按照集成电路的芯片数，可以分为单芯片封装和多芯片组件两种。

3.5.2　集成电路引脚识别与检测

1. 集成电路引脚识别

不管哪种封装，使集成电路引脚向下，正对型号或定位标记，从定位标记最近一侧的一只引脚开始，引脚编号依次为1，2，3，…。常见的集成定位标记有圆点（色点）、凹口（圆形凹坑或弧形凹口）、缺角（被斜着切去一个角）、线条（印上一个色条）等。换句话说，让集成电路的引脚向下，让字迹正对着自己，定位标记位于左边或者左下角，离它最近的引脚就是第1脚，依次从左向右或者按逆时针读数，如图3.24所示。

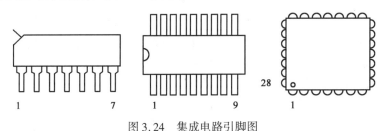

图 3.24　集成电路引脚图

2. 集成电路一般性检测

（1）在线测量法：通过万用表检测集成电路在路（在电路中）直流电阻，对地交、直流电压及工作电流是否正常，来判断该集成电路是否损坏，这种方法是检测集成电路最常用和实用的方法。

（2）非在线测量法：在集成电路未接入电路时，通过万用表测量集成电路各引脚对应于接地引脚之间的正、反向直流电阻值，然后与已知正常同型号集成电路各引脚之间的直流电阻值进行比较，以确定其是否正常。

（3）直流电阻测量法：一种用万用表欧姆挡直接在电路板上测量集成电路各引脚和外围

元器件的正、反向直流电阻值,并与正常数据进行比较,来发现和确定故障的一种方法。

(4)内阻测量法:使用集成电路时,总有一个引脚与印制电路板上的"地"线是连通的,在电路中该引脚称为地脚。由于集成电路内部元器件之间的连接都采用直接耦合,因此,集成电路的其他引脚与接地引脚之间都存在着确定的直流电阻。这种确定的直流电阻被称内部等效直流电阻,简称内阻。当拿到一块新的集成电路时,可通过用万用表测量各引脚的内阻来判断其好坏,若与标准值相差过大,则说明集成电路内部损坏。

3.6 其他常用元器件

3.6.1 电声器件

1. 扬声器

扬声器又称喇叭,是一种把电信号转变为声信号的换能器件。扬声器的性能优劣对音质的影响很大。扬声器在音响设备中是一个最薄弱的器件,而对于音响效果而言,它又是一个最重要的部件。扬声器的种类繁多,而且价格相差很大。音频电能通过电磁压电或静电效应,使其纸盆或膜片振动并与周围的空气产生共振(共鸣)而发出声音。扬声器的电路符号及结构如图3.25所示。

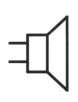  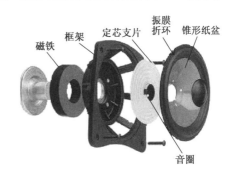

图3.25 扬声器的电路符号及结构

扬声器的种类很多,按其换能原理可分为电动式(动圈式)、静电式(电容式)、电磁式(舌簧式)、压电式(晶体式)等几种;按频率范围可分为低频扬声器、中频扬声器、高频扬声器,这些常在音箱中作为组合扬声器使用;按声辐射材料分纸盆式、号筒式、膜片式;按纸盆形状分圆形、椭圆形、双纸盆和橡皮折环。

扬声器的检测方法:将万用表打在 R×1 挡,然后用两表笔去触碰喇叭的两接线柱,然后观察测量阻值和喇叭的发声。触碰时正常情况下喇叭会发出响亮的"咔嚓"声,而且有一定的阻值,阻值比喇叭的阻抗值小一些;触碰时如果喇叭无发声,而且阻值无穷大,说明喇叭内部的线圈开路;触碰时如果喇叭有发声,但声音很小,阻值基本正常,说明喇叭内部可能碰圈卡死或线圈内部有短路的地方。

2. 麦克风

麦克风,学名为传声器,由英语 microphone 翻译而来,也称话筒、微音器。麦克风是将声音信号转换为电信号的能量转换器件。麦克风有动圈式、电容式、驻极体和最近新兴的硅微传声器,此外还有液体传声器和激光传声器。

大多数麦克风都是驻极体电容器麦克风,其内部结构如图 3.26 所示,主要由声—电转换和阻抗变换两部分组成。声—电转换的关键元件是驻极体振动膜片,它以一片极薄的塑料膜片作为基片,在其中一面蒸发上一层纯金属薄膜,然后再经过高压电场驻极处理后,在两面形成可长期保持的异性电荷——这就是驻极体(也称永久电荷体)一词的来历。

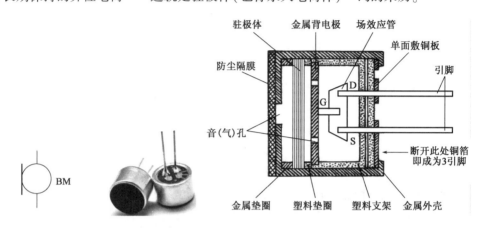

图 3.26 麦克风的电路符号及驻极体话筒的内部结构

当声波引起驻极体薄膜振动而产生位移时,改变了电容两极板之间的距离,从而引起电容的容量发生变化。由于驻极体上的电荷数始终保持恒定,根据公式 $Q = CU$,所以当 C 变化时必然引起电容器两端电压 U 的变化,从而输出电信号,实现声—电的变换。

驻极体总的电荷量(θ)保持不变,当极板在声波压力下后退时,电容量减小,电容两极间的电压就会成反比的升高,反之电容量增加时电容两极间的电压就会成反比的降低。

驻极体话筒的检测:在场效应管的栅极和源极间有一只二极管,可利用二极管的正反电阻特性判断驻极体话筒的漏极和源极。将驻极体话筒加上正常的偏置电压,将万用表拨到 R × 100 挡,用两表笔分别接两芯线,比较万用表指针两次测量结果,显示阻值较小的一次,黑表笔接触的为源极,红表笔为漏极,然后对话筒吹气,如果指针有一定幅度的摆动,说明驻极体话筒完好,如果无反应,则该话筒漏电。如果直接测试话筒引线无电阻,说明话筒内部开路;阻值为零,则话筒内部短路。

3.6.2 显示器件

显示器是电子计算机最重要的终端输出设备,是人机对话的窗口。显示器由电路部分和显示器件组成,采用的各种显示器件决定了显示器的电路结构,也决定了显示器的性能指标。指示或显示器件主要分为机械式指示装置和电子显示器件。传统的电压或电流表头就是一个典型的指示器件,它广泛用于稳压电源、万用表等仪器上。随着电子仪器的智能化水平提高,电子显示器件的使用日益广泛。

1. LED 数码管

将若干个发光二极管按照一定图形组织在一起的显示器件就是 LED 数码管。当发光二极管导通时,相应的一个点或一个笔画发亮。控制不同组合的二极管导通,就能显示出各种不同的字符。常用七段数码管的结构和内部电路如图 3.27 所示。发光二极管的阴极连在一起的称为共阴极显示器,阳极连在一起的称为共阳极显示器。这种笔画式的七段显示器,能显示的字符数量较少,但控制简单、使用方便。

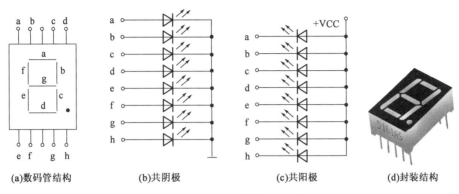

(a)数码管结构 (b)共阴极 (c)共阳极 (d)封装结构

图 3.27 七段数码管结构和内部电路

LED 数码管的检测方法与发光二极管相同。通常控制发光二极管的 8 位段代码能显示 0 ~9 的一系列可变数字,只要点亮内部相应的段即可。共阳极与共阴极的段选码互为补数,二者之和为 FFH。点亮显示器有静态和动态两种方法。

静态显示就是当显示器显示某一个字符时,相应的发光二极管恒定地导通或截止。例如七段显示器的 a、b、c、d、e、f 导通,g 截止,显示 0。这种显示方式每一位都需要一个 8 位输出口控制。

动态显示就是脉冲驱动轮流点亮各位显示器。对于每一位显示器来说,每隔一段时间点亮一次。显示器的亮度既与导通电流有关,也和点亮时间与间隔时间的比例有关。调整电流和时间参数,可实现亮度较高较稳定的显示。

2. 新型 TFT 显示器件

液晶显示器是一种借助于薄膜晶体管(TFT)驱动的有源矩阵液晶显示器件,主要是以电流刺激液晶分子产生点、线、面配合背部灯管构成画面。液晶面板由玻璃基板、偏振膜、彩色滤光片、黑色矩阵、液晶层、显示电极、棱镜层等组成。

目前生产的 IPS、TFT、SLCD 都属于 LCD 的子类,派生出的 TFT – LCD 和 AMOLED 新型显示器件已经发展到了第 11 代基板生产线。而新型柔性显示屏则使用了 PHOLED 磷光性 OLED 技术,使生产的显示屏具有低功耗、体积小、直接可视柔性的特点,更加适用于柔性电子产品的应用。液晶显示屏模块如图 3.28 所示。

(a)TFT显示屏 (b)柔性OLED显示屏 (c)OLED显示屏

图 3.28 液晶显示屏模块

第4章 典型电路的安装与调试

4.1 简易门铃的焊接、调试

4.1.1 简易门铃电路工作原理

如图 4.1 所示,简易门铃是以一块 NE555 定时器为核心组成的门铃,它发出的"叮咚"声音优美悦耳。NE555 和 R1、R2、C1、C2 组成一个多谐振荡器。SW 为按钮开关,平时处于断开状态。在 SW 关断情况下,NE555 的 4 脚呈低电位,使 NE555 处于强制复位状态,3 脚输出呈低电位。当按下 SW 后,电容 C1 的电压为接近 0V,电路输出 Vo 为高电平,放电管截止,电容 C1 开始充电,电源 VCC 通过 R1、R2 对电容 C1 快速充电,NE555 的 4 脚为高电位,NE555 振荡器起振。此时的振荡器的振荡频率为:

$$f = 1.44/(R1 + 2R2)C1$$

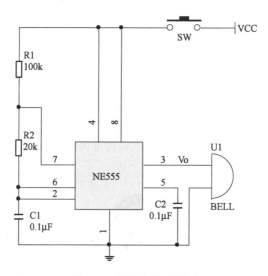

图 4.1 门铃电路原理图

该振荡器的充电回路为 VCC—R1—R2—C1—地;当电容 C1 充电到 2/3VCC 时,电路输出 Vo 跃变为低电平,放电管导通,电容开始放电,其放电回路为 C1—R2—芯片内部放电管—地。当电容 C1 放电到 1/3VCC 时,电路输出 Vo 跃变为高电平,放电管截止,电容开始充电;周而复始,电路产生振荡。

4.1.2　简易门铃元件清单

简易门铃元器件清单如表4.1所示。

表4.1　门铃元件清单

序号	名 称 参 数	数 量	位 号
1	NE555 定时器	1个	
2	电阻100k、20k	各1个	R1、R2
3	电容0.1μF	2个	C1、C2
4	5V 蜂鸣器	1个	U1
5	按键	1个	SW
6	DIP8 管脚座	1个	
7	电路板(孔板)	1块	
8	导线	若干	

4.1.3　注意事项

(1)常用的 NE555 定时器采用双列直插式封装,其引脚排列如图4.2所示。焊接时注意先将 DIP8 的管脚座焊接在电路板上,然后将 555 定时器固定在座子上。

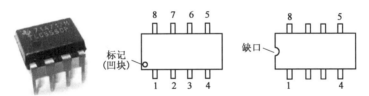

图4.2　NE555 的外形及引脚图

(2)常用的按键如图4.3所示,它有四个管脚,电路图上有两个管脚,要注意其对应关系。

图4.3　按键的外形及引脚图

(3)拿到所有的元器件后,不要急于焊接,先对整个电路板进行布局,尽量使走线最清晰、最简单,使用的外接导线最少。

(4)NE555 输出的功率是有限的,虽然可用三极管放大,但扬声器的音量也不算大,如果需要再提高音量,可以使用功放芯片,如 LM358。

4.1.4　测试及故障处理

此电路比较简单,焊接完成后,将直流稳压电源输出 5V 电压,直接加到门铃的电源端

VCC 和地端,按下按键,就能听到很清晰的蜂鸣器叫声,从而实现了门铃的功能。

常见故障:蜂鸣器不响。处理办法:检查电源电压是否正确;蜂鸣器是否损坏;电路连接是否正确。

4.2 放大电路的焊接、调试

4.2.1 放大电路工作原理

所谓放大,从表面来看,似乎就是将信号的幅度由小变大,但是在电子技术中是这么理解的:放大的本质是实现能量的控制,即用能量较小的输入信号控制能量较大的输出信号。

三极管是电流放大器件,有三个极,分别叫集电极 C、基极 B、发射极 E,分成 NPN 和 PNP 两种。集电极电流受基极电流的控制(假设电源能够提供给集电极足够大的电流),并且基极电流很小的变化,会引起集电极电流很大的变化,且变化满足一定的比例关系:集电极电流的变化量是基极电流变化量的 β 倍,即电流变化被放大了 β 倍,所以把 β 叫作三极管的放大倍数(β 一般远大于 1,例如几十、几百)。三极管集电极电流增大使集电极电压降低,电流减小使电压升高,所以在负载就能得到放大的交流信号。

图 4.4 所示是共发射极接法的基本交流放大电路。输入端接交流信号源,输入电压为 Ui;输出端接负载电阻 R3,输出电压为 Uo。电路中各个元器件分别起如下作用:

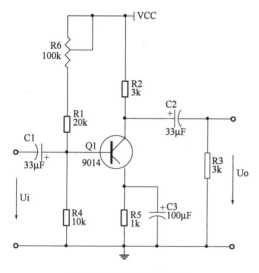

图 4.4 放大电路原理图

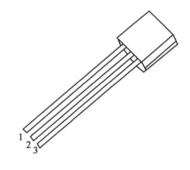

图 4.5 三极管 9014 的管脚图
1—发射极;2—基极;3—集电极

晶体管 Q1 是放大元件,利用它的电流放大作用,在集电极电路获得放大了的电流,这电流受输入信号的控制。

集电极电源电压 VCC,除为输出信号提供能量外,它还保证集电结处于反向偏置,以使晶体管起到放大作用。VCC 一般为几伏到几十伏。

集电极负载电阻 R2 简称集电极电阻,它主要是将集电极电流的变化变换为电压的变化,以实现电压放大。R2 的阻值一般为几千欧到几十千欧。

偏置电路的电阻 R6、R1、R4,作用是提供大小适当的基极电流,以使放大电路获得合适的工作点,并使发射结处于正向偏置。同时这种分压式偏置电路和发射极电阻 R5 一起,可以稳定静态工作点。三个阻值一般为几千欧到几十千欧,一般上偏置电阻远大于下偏置电阻。

耦合电容 C1 和 C2,它们一方面起到隔直作用,C1 用来隔断放大电路与信号源之间的直流通路,而 C2 则用来隔断放大电路与负载之间的直流通路,使三者之间无直流联系,互不影响。另一方面又起到交流耦合作用,保证交流信号畅通无阻地经过放大电路,沟通信号源、放大电路和负载三者之间的交流通路。通常要求耦合电容上的交流压降小到可以忽略不计,即对交流信号可视作短路;因此电容值要取得较大,对交流信号频率其容抗近似为零。C1 和 C2 的电容值一般为几微法到几十微法,用的是极性电容器,连接时要注意其极性。

交流旁路电容 C3,对发射极电阻进行旁路,可以在不改变静态工作点(直流通路)的条件下,增大放大电路的交流电压增益。其值一般为几十微法到几百微法。

4.2.2　放大电路元件清单

放大电路元器件清单如表 4.2 所示。

表 4.2　放大电路元件清单

序　　号	名称参数	数　量	位　　号
1	9014	1 个	Q1
2	电阻 20k、10k、1k	各 1 个	R1、R4、R5
3	电阻 3k	2 个	R2、R3
4	电位器 100k	1 个	R6
5	电解电容 33μF	2 个	C1、C2
6	电解电容 100μF	1 个	C3
7	电路板(孔板)	1 块	——
8	导线	若干	——

4.2.3　测试及故障分析

此电路焊接完成后,采用直流稳压电源输出 12V 电压,加载至电路的电源与地端,注意极性不要接反。采用信号发生器输出 1kHz、10mV 正弦波形加载至放大电路输入端 Ui。调节 R6,用示波器观察输出信号 Uo 的波形,测试出信号的最大放大倍数。

放大电路故障分析要点:

(1)当电阻 R1、R2、R4 和 R5 中有一只开路、短路、阻值变化时,都会直接影响三极管 Q1 的直流工作状态。

(2)当 R6、R1 支路开路时,Q1 集电极电压等于 +VCC;当 R4 开路时,Q1 基极电流增大,集电极与发射极之间电压为 0.2V,Q1 饱和。

(3)当电路中的电容出现开路故障时,对放大器直流电路无影响,电路中的直流电压不发生变化;当电路中的电容出现漏电或短路故障时,影响了放大器直流电路的正常工作,电路中的直流电压发生变化。

（4）当 C1 或 C2 漏电时,电路中的直流工作电压发生改变;当 C3 漏电时,Q1 发射极电压下降。

4.3 晶体管收音机的安装实践

4.3.1 晶体管收音机原理

最简单的收音机组成框图如图 4.6 所示,各组成单元及作用分述如下:

（1）接收天线接收电波,产生高频电流,作为收音机的输入信号。

（2）调谐电路利用 LC 串联谐振特性,选择要接收的电台。

（3）检波器将骑在载波上的音频信号检出,滤除载波,输出检出的音频信号。

（4）放大器对检波器送来的音频信号加以放大。

（5）扬声器将放大后的音频信号变为声波,发出声音。

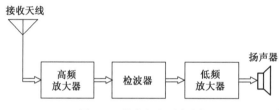

图 4.6　收音机组成框图

超外差式收音机主要增加了两部分内容,即变频器和中频放大器。它将经接收天线和调谐电路送来的高频信号,变换成一个固定的中频信号(我国规定调幅波的中频频率为 465kHz,调频波的中频频率为 10.7MHz),然后再将中频信号做二级或一级中频放大,经检波、放大后,由扬声器发出声音。

为什么要这样做呢？其实,对一个放大器而言,它的频带是有一定的宽度的,频率过高或过低,都会使放大器的增益下降。而广播电台的载波频率都不一样,有高有低,这样在整个频带内放大器的增益显得很不均匀,使得有的电台声音大,有的电台声音又小。而中频放大器的增益可以做得很高,同时因载波频率固定不变,任何电台的信号都能得到相同的放大量,使所有电台的声音相对一致,这就是把各种载波频率的信号均变成一个固定的中频的原因。

这种具有变频器和中频放大器的收音机叫作超外差式收音机,组成框图如图 4.7 所示。

超外差式收音机的优点:

（1）由于变频后为固定中频,放大器的增益容易做得很高,因此收音机的灵敏度高。

（2）由于外来高频信号都变成了固定的中频,这样就容易解决不同频率电台信号放大不均匀的问题。接收高低端电台频率(不同载波频率)的灵敏度一致性好。

（3）由于采用差频作用,外来信号与本机振荡频率相差为固定中频才能进入电路,而且选频电路又相当于一个良好的滤波器,因此混进收音机的其他干扰信号被抑制掉,从而提高了选择性。

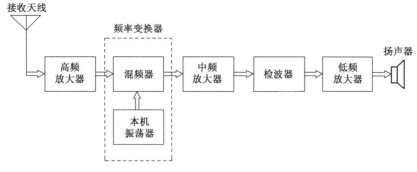

图 4.7　超外差式收音机组成结构

4.3.2　SD66 收音机的装配实践

1. 主要元器件的检查、识别与安装

1）三极管

三极管属于塑料封装型,一共有 6 个。在安装图上已经标明了管脚排列顺序,按照色点标记依次安装在各自的位置上,型号和管脚都不能插错。

首先找出两个表面印有 9013H 的管子,它们是 VT5 和 VT6,用作功率放大,在电路图中和印刷电路板中找到它们的安装位置。剩下的四个三极管的顶部都涂有色点,按照电路原理图上标的色点在印刷电路板上找到插装位置,对号入座,不要插错。

色点表明的是晶体三极管的 β 值,也就是交流倍数,它与色点的对应关系是:黄点:40 ~ 45倍;绿点:50 ~ 80 倍;蓝点:80 ~ 120 倍;紫点 120 ~ 180 倍;灰点 180 ~ 270 倍;白点:270 ~ 400 倍。

VT1,绿色,起变频和振荡作用,属于高频放大管;VT2,蓝色,中频放大作用;VT3,蓝色,检波作用;VT4,紫色,电压放大作用。一般来说,VT1 选用低 β 值(如绿点或黄点);VT2、VT3 选用中 β 值(如蓝点或紫点);VT4 选用高 β 值(如紫点或灰点)。这样装出来的效果好。

以上三极管均为 3DG201 或者 9014 型,属于高频小功率管,不能与VT5、VT6 混淆。因为它们的外形和管脚的排列都是一样的。

安装时除了按照色点标记对号入座外,更重要的是三个电极不能装反,六个三极管的安装高度尽可能一致,三极管顶部离印刷电路板表面小于 8mm(图 4.8)。

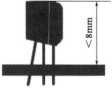

图 4.8　三极管的安装

2）发光二极管

发光二极管用于电源指示。发光二极管有极性,长脚为正,短脚为负,电流的方向就是箭头标记的方向。如果极性接反了,是不会发光的。如果从管脚上不能判断出正负极(例如被剪平了),可以用万用表测量。发光二极管安装比较特殊,要做些弯曲处理,见随机所带的安装图。

不要误认为发光二极管亮了,收音机就一定会响,从电路图中可以看出,只要电池装上了,电源开关(在电位器上)打开了,限流电阻 R11(330Ω)和发光管的极性安装正确,即使其余的电路元器件一个也不安装的话,打开电源开关,发光管也会发光。所以要是碰到发光二极管亮而没有声音的话,应该着重检查前面的电路。

安装方法:先照安装图所示进行弯曲成型,然后在电路板上焊接。

注意:发光二极管的露出部分应刚好在面板上的小孔内。

3)磁棒线圈组件

磁棒线圈组件包括天线线圈(5mm×13mm×55mm)、双联电容CBM-223P、磁棒支架、固定螺丝。

安装方法:先将磁棒插入天线线圈和磁棒支架中,然后将插有线圈的磁棒支架置于双联电容与印刷电路板之间,再将双联电容按其印脚位置插入相应的孔中,在电路板的另一面上螺丝。不允许将磁棒支架装在电路板之外,其一是因为磁棒支架不受力,容易折断;另外安装工艺也很不美观;再者,磁棒支架装在外面还会与调谐拨盘摩擦,造成拨盘转动不灵活。

图4.9　磁棒线圈、双联支架的安装

天线线圈是用漆包线绕制而成的,漆包线是绝缘的,在焊接前一定要先去掉欲焊接的线头的绝缘部分,露出里面的黄色铜线才行,刮掉漆部分长度不超过5mm。如果露得太多,会造成短路。

天线线圈有四根引出线,焊接前要准确地判断出a、b、c、d四个端子,并将其焊接在印刷电路板相应的焊盘上。随机所带的安装图中标有磁棒线圈线头的示意图。线圈a、b同属一个绕组,线圈c、d同属一个绕组。线圈a、b为100匝,线圈c、d只有10匝,很显然,线圈a、b比线圈c、d长。a、d端子非常容易判别,长的那组线圈端头最左端为a,短的那组最右端为d。这样就只剩下b和c了,可以用数字万用表的通、断挡位或者指针万用表的欧姆挡来测量,只要测量出绕组a和b相通,c和d相通,然后做上记号后,就可以焊接了。

焊接时,c和d不要颠倒焊错,c、d焊错了是收不到电台信号的。从电路图中可看出,d点是接到VT1的基极端的,c点是和电容C1的一端接在一起的,焊接完后只要配合电路图就可以检查出是不是安装正确了。

磁棒线圈组件应先上好螺丝再焊接,双联电容的引脚不要露得太长,太长了会与调谐拨盘相摩擦。

4)中频变压器

中频变压器俗称中周,一共有三个,在其磁帽上分别涂上红、白、黑三种颜色表示型号:红色的为T2,是振荡线圈;白色的为T3,黑色的为T4,两者均为谐振在465kHz的中频变压器。安装时要按照磁帽上的颜色插入电路板相应位置上。这三只中频变压器在出厂前均已调在规定的频率上,装好后只需微调甚至不调,在没有弄清楚的情况下,不要调乱。中频变压器外壳除起屏蔽作用外,还起导线作用,所以中频变压器外壳必须可靠接地。

另外,T3和T4在印刷电路板上都有一个引脚是没有焊盘的,这是不需要焊接的。

如图4.10所示,中频变压器安装时应该插到底,不要歪斜,也不要在电路板上悬空。

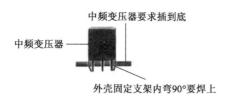

图 4.10　中频变压器的安装

5）输入变压器

从电路原理图上看,变压器的输入绕组有两个接线头,输出绕组有两个或四个接线头。但实际的变压器两边都是三个引出脚,如果判断输入和输出线头呢？

从顶部仔细观察变压器的白色骨架,其中有一边有一个小的凸台标记,再仔细看印刷电路板,在安装变压器的位置上也有一个白色的小圆点标记,安装时要将骨架上有凸台部位对准印刷电路板上的小圆点,这样就不会装反。

输入变压器的绕组还可用万用表进行分辨。输入绕组的匝数多,线圈的电阻值较大;输出线圈匝数小,线圈的电阻小,用万用表会测量到有两个小阻值的绕组就是输出引脚。

注意:输入变压器装反了,VT5、VT6 会发烫,时间长了会烧坏管子。

如图 4.11 所示,输入变压器安装时也应该插到底,不要歪斜,也不要在电路板上悬空。

骨架上的小凸台对准电路板上的小白点。要求插到底

图 4.11　输入变压器的安装

6）电阻器

电阻器有各种阻值。先按照电阻表面的色环读出标称值,最好能用万用表测量每个电阻的实际阻值。读出后根据电路图所标的位置插装和焊接。

图 4.12　电阻器的立式安装

电阻器的安装有立式安装和卧式安装,安装位置应符合阅读习惯(XY 坐标)。不管是立式安装还是卧式安装,要求安装高度尽量一致,但不能离印刷板表面太高。卧式安装可贴紧电路板,立式安装时,引脚也尽量紧贴电路板,引线有一定的弯曲但弯曲半径不宜过大(图 4.12)。

7）电位器

电位器 RP 是带开关的插脚式电位器,共有 5 个引出脚,最外面的两个是电源开关引脚,内部最中间的是中心抽头,两侧的是固定抽头。

电位器装上电路板后,其中的一个固定端就常接地了(称冷端),另一个固定端接信号端(热端),中间抽头的信号大小可根据电位器的旋转位置而定。一般来说,检查的时候都是将信号加到中间抽头或者上端信号端(热端)。

8）电容器

本次安装的收音机上有三种电容器,一种是非极性电容器,一种是电解电容器,还有一种是可变与半可变电容器(它们做成了一个整体)。

非极性电容器用的是瓷片电容,分别是 682、103、223,用的是数码表示法,单位是 pF。

电解电容器是有极性的,长脚为正,短脚为负。如果引脚被剪平了的话,其外壳有白色箭头标记或者有一个符号"I"的一端为负极。

注意:不管在什么情况下,电解电容都不能用于交流电路中,也绝对不允许把极性接反,否则要发生爆炸或出事故。

如图 4.13 所示,安装时,非极性电容要尽量往下插,元件高度不要超过 8mm,引线太长的话,会引起高频自激干扰或短路。电解电容要插到底,底部与印刷电路板表面不要留太大的间隙,太高会影响后盖的安装。

图 4.13   电容器安装示意图

9)扬声器、导线与耳机插座

扬声器有正、负极性,正极接电源正端,在印刷电路板上与 GB + 端的延长线相连接。负极与耳机插座相连。

导线有红、黑线各一根,黄色两根。要求根据习惯用法,接电源正极用红色线,负极用黑色线,其他信号类用黄色或其他颜色。与喇叭相接时同黄色线。

耳机插座安装前也要进行处理,安装图上也标明了处理示意图。如果耳机插座引出脚过短的话,就要再添加导线。总之要保持耳机插座的引脚与电路板电接触良好。如果耳机插座没正确安装好,或者接线不正确的话,收音机是不会响的。

安装时先安装低、矮小的元件(如电阻、瓷片电容),然后再安装大一点的元件(电容、三极管),最后安装大元件(如中频变压器、变压器、电位器、磁棒线圈组件等)。

2. 安装后的检查

全部元件安装完毕后要先检查有没有漏焊的元器件,元器件的引脚、极性有无插错,安装高度是否符合要求,焊盘大小是否适中,有无连焊、漏焊、虚焊等焊接不良现象。

虽然元器件安装完毕,但这时通电,收音机是不能工作的。因为,在印刷电路板上还有四个点是断开了的(即 A、B、C、D)。这是厂家预留出来的测量电流点,也就是电路原理图上打"×"的地方。

首先应该先测量整机电流。方法是:将电位器开关关掉,装上电池或用直流稳压电源(把直流稳压电源调至 3V,注意正、负极性不要搞错),用万用表的直流 50mA 挡,表笔跨接在电位器开关的两端(黑表笔接电池负极,红表笔接开关的另一端),若电流指示小于 10mA,则说明可以通电,将电位器开关打开(音量旋至最小即测量静态电流),用万用表分别依次测量 D、C、B、A 四个电流缺口,若被测量的数字在规定的参考值左右,即可以用烙铁将这四个缺口依次连通。再把音量开到最大,调双联拨盘即可收到电台。

当测量不在规定的电流值时,应仔细检查元器件是否装错,特别是有极性的元件,有无未接通的部分,焊接是否可靠,有无漏焊、虚焊或开路、短路的地方。一般来说,若测量哪一级电流不正常则说明那一级有问题。

最后,在安装电路板时注意把喇叭及电池引线埋在比较隐蔽的地方,并不要影响调谐拨盘的旋转和避开螺丝桩子,电路板挪位后再上螺丝固定,这样一台自己辛勤劳动制作的收音机就安装完毕。

4.3.3 测试及故障处理

收音机装配完成后,搜索广播电台,测试其搜台效果。

如果组装的收音机没声音,首先检查被断开了的测量点是否连上了。如果经检查元器件插装无误的话,那就要依靠仪器仪表来检查了。

1. 低频部分的检查

把收音机分成两半部分,以电位器(RP/5k)为界,左边为中、高频部分,右边为低频部分。

可以用信号注入法来检查。首先给收音机通电,如果用直流稳压电源的话,先要调整输出电压,用数字万用表测量其输出电压为3V。然后用电源线中的红色香蕉插头插入稳压电源的正极插孔,另一端的红色鳄鱼夹接收音机的正极;把黑色香蕉插头插入稳压电源的负极插孔,黑色鳄鱼夹接收音机的负极。把低频信号发生器接通电源,也用一根红、黑色的电源线,香蕉插头分别连接信号的正和负端,黑色鳄鱼夹接电源和收音机的负端。用红色鳄鱼夹依次触及VT5、VT6的基极。这时若有声音,则正常,要是没声音,则故障在T5右边部分,应该检查变压器T5、VT5、VT6是否装反,不要忘记检查喇叭、耳机插座是否连接好。

如果后面一级没问题,则再用红色鳄鱼夹依次触及VT4的集电极、C6的负极、电位器的热端(VT4的发射极),把电位器音量开到最大,越往前触,声音会越大,若能这样,则低频部分完全正常。若触到哪一级不响,故障就在哪一级。

2. 中、高频部分的检查

因为晶体管是有源器件,要想晶体管工作正常,就必须有正常的工作电压,检查时,可以用比较法加电压测量法来检查电路故障。

先测量一台能正常收到电台的收音机的各晶体管的电压。用数字万用表测量VT1、VT2、VT3、VT4的正常工作电压(VB、VC、VE),并记下来,然后再用相同的办法测量有故障的收音机,看两收音机所测的电压是否相差不大,若那级相差大就检查那一级。直到全部电压符合要求为止。

从几届学生组装的收音机来看,大部分故障机都表现为晶体管管脚插错、天线接错,最多的还是焊接不良,虚焊、假焊、脱焊(甚至焊盘、铜箔脱落)或者连焊的故障较多,因为一个虚焊点从表面上是看不出来的,只要有一个焊点不良,收音机就不能正常工作。因此,同学们要重视前期的焊接训练,要细心、耐心、仔细地焊好每一个焊点,只有前期工作做好了,就会省去很多调试阶段的麻烦。

4.4 微型贴片收音机的安装与调试

4.4.1 HX3208型微型贴片收音机工作原理

HX3208型微型贴片收音机采用特殊的低中频(70kHz)技术,外围电路省去了中频变压器

和陶瓷滤波器,使电路简单可靠,调试方便,其主要特点如下:

(1)采用电调谐单片 FM 收音机集成电路,调谐方便准确。

(2)接收频率为 87~108MHz。

(3)外形小巧,便于随身携带。

(4)电源范围 1.8~3.5V,7 号电池 2 节。

(5)内设静噪电路,抑制调谐过程中的噪声。

HX3208 型微型贴片收音机的核心是集成电路芯片 SC1088,其电路由输入电路、混频电路、本振电路、信号检测电路、中频放大电路、鉴频电路、静噪电路和低频放大电路组成,电路原理框图如图 4.14 所示。图 4.15 为电路原理图,表 4.3 为 SC1088 引脚功能表。

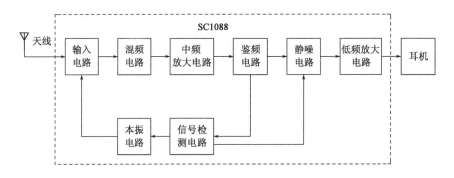

图 4.14　HX3208 型微型贴片收音机电路原理框图

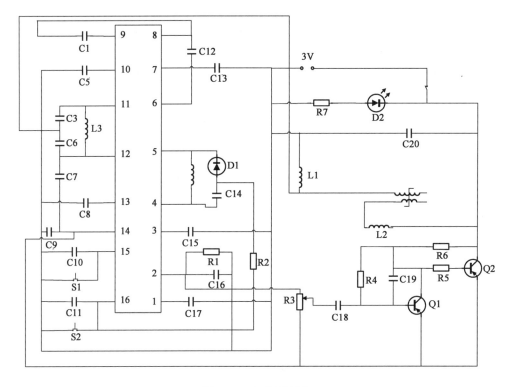

图 4.15　电路原理图

表 4.3　SC1088 引脚功能

引脚	功能	引脚	功能	引脚	功能	引脚	功能
1	静噪输出	6	本振调谐回路	10	IF 输入	14	限幅器失调电压电容
2	音频输出	7	IF 反馈	11	IF 限幅放大器的低通电容器	15	接地
3	AF 环路滤波	8	1dB 放大器的低通电容器	12	射频信号输入	16	全通滤波电容搜索调谐输入
4	V_{CC}	9	IF 输出	13	射频信号输入	17	电调谐 AFC 输出

1. 输入电路

FM 调频信号由耳机线馈入,经 C3、C6、C9 和电感组成的输入电路(高通滤波器)进入 SC1088 的 11、12 脚混频电路。此处的 FM 信号没有调谐的调频信号,即所有调频电台信号均可进入。

2. 混频电路

混频电路集成在 SC1088 内,它的作用是将从输入回路送来的高频载波信号与本机振荡电路产生的信号进行差频,产生一个 70kHz 的中频载波信号,并将它送入中频限幅放大电路进行放大。

3. 本振电路

本振电路中的关键元器件是变容二极管,它是利用 PN 结的结电容与偏压有关的特性制成的可变电容。

本振电路中,控制变容二极管 D1 的电压由 SC1088 第 16 脚给出。当按下扫描开关 S1 时,SC1088 内部的 RS 触发器打开恒流源,由 16 脚向电容 C11 充电,C11 两端电压不断上升, D1 电容量不断变化,由 D1、C14、L 构成的本振电路的频率不断变化而进行调谐。当收到电台信号后,信号检测电路使 SC1088 内的 RS 触发器翻转,恒流源停止对 C9 充电,同时在 AFC (automatic frequency control)电路作用下,锁住所接收的广播节目频率,从而可以稳定接收电台广播,直到再次按下 S1 开始新的搜索。当按下 Reset 开关 S2 时,电容 C9 放电,本振频率回到最低端。

4. 中频放大、限幅与鉴频

电路的中频放大、限幅与鉴频电路的有源器件及电阻均在 SC1088 内。FM 广播信号和本振电路信号在 SC1088 内的混频器中混频产生 70kHz 的中频信号,经内部 1dB 放大器、中频限幅器,送到鉴频器检出音频信号,经内部环路滤波后由 2 脚输出音频信号。

5. 耳机驱动电路

由于用耳机收听,所需功率很小,本机采用了简单的晶体管放大电路,SC1088 的 2 脚输出的音频信号经电位器 RP 调节电量后,由 Q1、Q2 组成复合管甲类放大。R1 和 C16 组成音频输出负载,线圈 L1 和 L2 为射频与音频隔离线圈。这种电路耗电大小与有、无广播信号以及音量大小关系不大,不收听时需关断电源。

4.4.2 HX3208 型微型贴片收音机组件识别

组装 HX3208 型微型贴片收音机的元器件清单如表 4.4、表 4.5 所示。根据元器件清单的代号和参数,将其与印制电路板上的代号一一对应,明确元器件安装位置。

表 4.4 HX3208 型微型贴片收音机元器件清单 1

类别	代号	规格	型号/封装	数量	备注	类别	代号	规格	型号/封装	数量	备注
电阻	R1	153	2012 (2015) RJ/w	1		电容	C8	681	2012 (2015)	1	
	R2	154		1			C9	683		1	
	R3	122		1			C10	104		1	
	R4	562		1			C11	223		1	
	R5	681	RJ/w	1			C12	104		1	
	R6	103		1			C13	471		1	
电容	C1	222	2012 (2015)	1	202		C14	330		1	
	C2	104		1			C15	820		1	
	C3	221		1			C16	104		1	
	C4	331		1			C17	332	CC	1	
	C5	221		1			C18	100u	CD	1	
	C6	332		1			C19	223	CC	1	
	C7	181		1		IC	A		SC1088	1	

表 4.5 HX3208 型微型贴片收音机元器件清单 2

类别	代号	规格	型号/封装	数量	备注	类别	代号	规格	型号/封装	数量	备注
电感	L1			1	磁环	熟料件		前盖		1	
	L2	4.7μ		1	色环			后盖		1	
	L3	70n		1	8 匝			电位器钮		1	
	L4	78n		1	5 匝			开关钮(有缺口)		1	
晶体管	V1	变容二极管		1	塑封同向出脚			开关钮(无缺口)		1	
	V2	发光二极管		1	异形			印制电路板		1	
三极管	V3	9014		1		其他		耳机		1	
	V4	9012		1				电位器		1	
金属件		电池		6				S1,S2		1	
		自攻螺钉		3				XS(耳机插座)		1	
		电位器螺钉		1							

4.4.3　HX3208 型微型贴片收音机安装流程

HX3208 型微型贴片收音机的安装流程如图 4.16 所示,主要包括安装前检查、安装表面贴装元件、安装分立元器件、总装与调试。

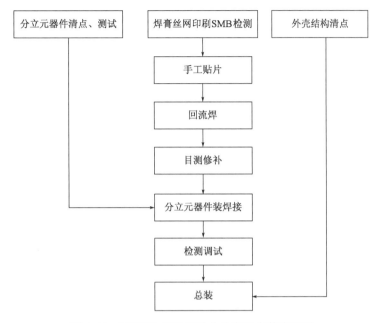

图 4.16　HX3208 型微型贴片收音机安装流程图

1.安装前检查

安装前首先检查印制电路板图形是否完整,线路有无短路和断路缺陷。其次,按元器件清单检查元器件和零部件,仔细分辨品种和规格,清点数量。最后,对分立元器件进行检测:(1)电位器的阻值调节特性;(2)LED、线圈、电解电容、插座、开关等元器件的质量;(3)判断变容二极管的好坏及极性。

2.安装表面贴装元件

1)焊膏印刷

采用焊膏印刷机将焊锡膏通过模板漏印到印制电路板 A 面。印刷过程中,在对刮刀施加压力的同时,向着印制电路板方向移动刮刀,使焊膏滚动,把焊膏填充到模板的开口部位;进而利用焊膏的触变性和黏着性,把焊膏转到印制电路板上;最后抬起模板,取出印制电路板。

2)贴片

按照以下顺序,用镊子把贴片元器件准确地贴到指定位置,并检查贴片元器件有无漏贴、错位:C1、R1、C2、R2、C3、V3、V4、R4、C4、C5、SC1088、C6、C7、C8、R4、C9、C10、C11、C12、C13、C14、C15、C16。在贴片过程中需注意以下四点。

(1)注意元器件正反面、极性和方向。

（2）贴片元器件不得用手拿，使用镊子夹持且不可夹到极片上，贴片时看准位置，贴正、贴平、贴稳，轻微下压，焊膏不要塌陷。

（3）SC1088 标记方向，标识点处引脚为 1 脚。

（4）贴片电容表面没有标志，一定要保证准确、及时贴到指定位置。

3）再流焊

由再流焊机提供一种加热环境，使预先分配到印制电路板焊盘上的膏状软钎焊料重新熔化，从而让表面贴装的元器件和 PCB 通过焊锡膏可靠结合在一起。HX3208 微型贴片收音机使用桌面自动再流焊机进行焊接，该焊机强制热风与红外混合加热。再流焊机主要由上层工件盒、中间层加热元器件和下层辐射板组成。

检查焊接质量及修补检查表面贴装元件的安装效果（贴片数量及位置），发现问题及时修补。

3. 安装分立元器件

采用手工焊接技术在印制电路板 B 面完成分立元器件的安装，其装焊顺序如下：

（1）跨接线（可用剪下的元器件引线）。

（2）电位器 RP，注意电位器的安装方向，并保持电位器与印制电路板平齐。

（3）耳机插座 XS（注意电烙铁加热焊点时间要短，防止烫坏耳机插座。为确保焊接后耳机插座保持完好，先将耳机插头插入耳机插座中，然后再实施焊接）。

（4）轻触开关 S1、S2。

（5）电感线圈 L1～L4（磁环 L1、色环 L2、8 匝线圈 L3、5 匝线圈 I4）。

（6）变容二极管（注意极性方向标记）。

（7）电解电容（100μF）贴板装焊。

（8）发光二极管。

（9）焊接电源连接线，注意正负导线颜色。

4. 总装与调试

HX3208 型微型贴片收音机焊接完成后需要进行基本功能调试，测试通过后再进行总装，最后通过试戴耳机接收广播信号验证安装的正确性。

1）调试

（1）目视检查。检查元器件的型号、规格、数量及安装位置，方向是否与图纸符合；焊点检查，有无虚、漏、桥接、飞溅等缺陷。

（2）总电流测试。目视检查合格后将电源线焊接到电池片上，在电位器开关断开状态下装入电池，插入耳机。用数字万用表 200mA 跨接在开关两端测电流，正常电流应为 6～25mA（与电源电压有关）并且 LED 正常点亮。表 4.6 是样机测试练果，可供参考。注意：如果电流为零或超过 35mA 应检查电路。

表 4.6　样机总电流测试结果

工作电压，V	1.8	2.0	2.5	3.0	3.2
工作电流，mA	8	11	17	24	28

（3）搜索电台广播。如果电流在正常范围,可按 S1 搜索电台广播。只要元器件质量完好,安装正确,焊接可靠,不用调节电路任何元器件即可接收到电台广播信号;如果接收不到电台广播信号应仔细检查电路,特别要检查有无错装、虚焊、漏焊等缺陷。

（4）调接收频段(频率覆盖范围)。我国调频广播的频率范围为 87 ~ 108 MHz,调试时可找一个当地频率最低的 FM 电台(例如在重庆,音乐广播电台频率为 88.1 MHz)。由于 SC1088 集成度高,如果元器件一致性较好,一般接收到低频电台后均可覆盖整个 FM 频段,故可不对高频进行调试而仅做一般检查(可用一个成品 FM 收音机对照检查)。

2）总装

（1）将外壳面板平放到桌面上。

（2）将 2 个按键帽放入孔内[注意:SCAN 键帽上有缺口,放键帽时要对准机壳上的凸起, "Reset"(前后大小写对应)键帽上无缺口]。

（3）将印制电路板对准位置放入壳内。安装时注意对准 LED 位置,若有偏差可轻轻掰动,偏差过大必须重焊;注意三个孔与外壳螺柱的配合;电源线走线不妨碍机壳装配。

（4）装上中间螺钉,注意螺钉旋入手法。

（5）装电位器旋钮,注意旋钮上凹点位置。

（6）装后盖,旋入两边的两个螺钉。

3）检查

总装完毕,装入电池,插入耳机。要求电源开关手感良好、音量正常可调、收听正常、表面无损伤。

第5章 安全用电

电是现代化生产和生活中不可缺少的重要能源。随着电能应用领域的不断拓展,以电能为介质的各种电气设备广泛进入企业、社会和家庭生活中。与此同时,使用电气设备所带来的不安全事故也不断发生。为了实现电气安全,在对电网本身的安全进行保护的同时,更要重视用电的安全问题;若用电不慎,可能造成电源中断、设备损坏、人身伤亡,这将给生产和生活造成重大损失。因此,学习安全用电基本知识,掌握常规触电防护技术,是保证用电安全的有效途径。

5.1 触 电 急 救

电气危害有两个方面:一方面是对系统自身的危害,如短路、过电压、绝缘老化等;另一方面是对用电设备、环境和人员的危害,如触电、电气火灾、电压异常升高造成用电设备损坏等,其中尤以触电和电气火灾危害最为严重。触电可直接导致人员伤残,甚至死亡。

5.1.1 人体触电

人体触电是指人体触及带电体时,电流对人体所造成的伤害。人的身体能传电,大地也能传电,如果人的身体碰到带电的物体,电流就会通过人体传入大地,于是就引起触电。

1. 触电种类及伤害

电流对人体有两种类型的伤害:电伤和电击。

1) 电伤

电伤是指在电弧作用下或熔丝熔断时,对人体造成的伤害,如电烧伤、电弧烧伤、电烙印、皮肤金属化、机械损伤、电光眼等。电伤一般是在电流较大和电压较高的情况下发生。电伤属于局部性伤害,一般会在肌体表层留下明显伤痕。在触电伤亡事故中纯电伤或带电伤性质的约占75%。

2) 电击

电击是指电流通过人体,影响呼吸系统、心脏和神经系统,造成人体内部组织的破坏乃至死亡。这种伤害通常表现为针刺感、压迫感、打击感、肌肉抽搐、神经麻痹等,严重时将引起昏迷、窒息,甚至心脏停止跳动而死亡。

对触电造成死亡的主要原因,目前较一致的看法是电流流过人体引起心室纤维颤动,使心脏功能失调、供血中断、呼吸窒息,从而导致死亡。

电伤和电击常会同时发生。

3）二次伤害

二次伤害是指人体触电引起的坠落、碰撞造成的伤害。

2.影响触电伤害程度的因素

触电对人体的伤害程度与通过人体电流的大小、持续时间、频率、通过人体的部位及触电者的健康状况等因素有关。

1）电流大小对人体的影响

通过人体的电流越大,人体反应越明显(表5.1)。感觉越强烈、引起心室颤动所需的时间越短,致命的危险性就越大。以工频交流电对人体的影响为例,按照通过人体的电流大小和生理反应,可将其划分为下列三种情况:

(1)感知电流。它是指引起人体感知的最小电流。实验表明:成年人感知电流有效值约为0.7~1.1mA。感知电流一般不会对人体造成伤害,但是电流增大时,人体反应变得强烈,可能造成坠落等间接事故。

(2)摆脱电流。它是指人触电后能自行摆脱的最大电流。一般成年人摆脱电流约在15mA以下,摆脱电流被认为是人体只在较短时间内可以忍受而一般不会造成危险的电流。

(3)致命电流。它是指在较短时间内引起心室颤动、危及生命的最小电流。电流达到50mA以上就会引起心室颤动,有生命危险。而一般情况下,30mA以下的电流通常在短时间内不会有生命危险,通常把该电流称为安全电流。

表5.1　电流对人体作用

电流,mA	对人体的作用
<0.7	无感觉
1	有轻微感觉
1~3	有刺激感,一般电疗仪器取此电流
3~10	感到痛苦,但可自行摆脱
10~30	引起肌肉痉挛,短时间无危险,长时间有危险
30~50	强烈痉挛,时间超过60s即有生命危险
50~250	产生心脏室性纤颤,丧失知觉,严重危害生命
>250	短时间内(1s以上)造成心脏骤停,体内造成电灼伤

2）电流通过人体时间的影响

电流通过人体的时间越长,对人体的伤害程度越重,这是因为电流使人体发热和人体组织的电解液成分增加,导致人体电阻降低,反过来又使通过人体的电流增大,触电后果越发严重。据统计,触电1~5min内急救,90%有良好的效果,10min内救生率为60%,超过15min就希望甚微。

3）流过人体电流的频率对人体的影响

常用的 50~60Hz 的工频交流电对人体的伤害程度最为严重。当电源的频率离工频越远时,对人体的伤害程度越轻,但较高电压的高频电流对人体依然是十分危险的。

4）人体电阻的影响

在一定的电压作用下,通过人体电流的大小就与人体电阻有关系(表 5.2)。人体电阻因人而异,与人的体质、皮肤的潮湿程度、触电电压的高低、年龄、性别以至工种职业有关系,通常为 10^3~$10^5\Omega$,当角质外层破坏时,则降到 800~1000Ω。一般情况下,人体电阻为 1000~2000Ω。人体不同,对电流的敏感度也不同,一般地说,儿童较成年人敏感,女性较男性敏感。患有心脏病者,触电后的死亡可能性就更大。

表 5.2　人体电阻值随电压的变化

电压,V	1.5	12	31	62	125	220	380	1000
电阻,kΩ	>100	16.5	11	6.24	3.5	2.2	1.47	0.64
电流,mA	忽略	0.8	2.8	10	35	100	268	1562

5）电压大小的影响

作用于人体的电压越高,人体电阻下降越快,致使电流迅速增加,对人体造成的伤害更严重。安全电压是指人体不戴任何防护设备时,触及带电体不受电击或电伤的最大电压。人体触电的本质是通过人体产生了有害效应,然而触电的形式通常都是人体的两部分同时触及带电体,而且这两个带电体之间存在着电位差。因此在电击防护措施中,要将流过人体的电流限制在无危险范围内,也即将人体能触及的电压限制在安全的范围内。国家标准制定了安全电压系列,称为安全电压等级或额定值,这些额定值指的是交流有效值,分别为 42V、36V、24V、12V、6V 等几种。

6）电流路径的影响

电流通过心脏会导致神经失常、心跳停止、血液循环中断,危险性最大。不同的路径伤害程度不同,如电流通过头部会使人昏迷而死亡;通过脊髓会导致截瘫;通过中枢神经,会引起中枢神经系统严重失调而导致残废;通过呼吸系统会造成窒息。实践证明,电流流经左手至前胸的路径是最危险的;从右手到脚、从手到手都是危险路径;从脚到脚属于危险较小路径。

5.1.2　常见触电的原因

人体触电的主要原因:直接或者间接接触带电体以及跨步电压。直接接触又可以分为单相触电和两相触电。

1.单相触电

当人站在地面上或其他接地导体上,人体某一部位触及其中一相带电体(包括人体同时触及一根火线和零线),电流通过人体流入大地(流回中性线),称为单相触电。单相触电时人体承受的最大电压为相电压。单相触电的危险程度与电网运行的方式有关,如图 5.1(a)所示的电源中性点直接接地系统中,当人体触及一相带电体时,该相电流经人体流入大地再回到中性点,由于人体电阻远大于中性点接地电阻,电压几乎全部加在人体上。而在图5.1(b)所示中性点不直接接地系统的单相触电情况,正常情况下电气设备对地绝缘电阻很大,当人体触及一相带电体时,通过人体的电流较小。所以一般情况下,中性点直接接地电网的单相触电比中性点不直接接地的电网的危险性大。

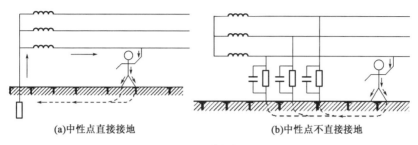

|(a)中性点直接接地|(b)中性点不直接接地|

图5.1　单相触电

另外,人体与高压带电体间的距离小于规定的安全距离,高压带电体对人体放电,人体接触漏电设备的外壳造成触电事故,也属于单相触电。

2. 两相触电

两相触电是指人体同时触及电源的两相带电体,电流由一相经人体流入另一相,以及在高压系统中,人体距离高压带电体小于规定的安全距离。造成电弧放电时,电流从一相导体流入另一相导体的触电方式如图5.2所示,此时加在人体上的最大电压为线电压。两相触电与电网的中性点接地与否无关,其危险性最大。

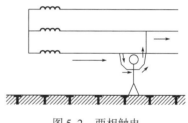

图5.2　两相触电

3. 跨步电压触电

在高压输电线断线落地时,有强大的电流流入大地,在接地点周围产生电压降,人在接地点周围,两脚之间出现的电压即跨步电压,这时有电流流过人体造成触电,如图5.3所示。当带电体接地时,电流由接地点向大地流散,在以接地点为圆心,一定半径(通常20m)的圆形区域内电位梯度由高到低分布,人进入该区域,沿半径方向两脚之间(间距以0.8m计)存在的电位差称为跨步电压 U_k ,如图5.4所示。跨步电压的大小取决于人体站立点与接地点的距离:距离越小,其跨步电压越大。当距离超过20m(理论上为无穷远处),可认为跨步电压为零,不会发生触电的危险。

4. 接触电压触电

电气设备由于绝缘损坏或其他原因造成接地故障时,如人体两个部分(手和脚)同时接触设备外壳和地面时,人体两部分会处于不同的电位,其电位差即为接触电压。由接触电压造成触电事故称为接触电压触电。在电气安全技术中接触电压是以站立在距漏电设备接地点水平距离为0.8m处的人,手触及的漏电设备外壳距地1.8m高时,手脚间的电位差作为衡量基准。接触电压值的大小取决于人体站立点与接地点的距离,距离越远,则接触电压值越大;当超过20m时,接触电压值最大,即等于漏电设备上的电压;当人体站在接地点与漏电设备接触时,接触电压为零。

图 5.3　跨步电压触电

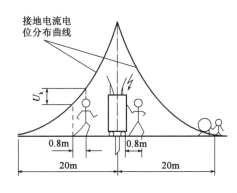

图 5.4　跨步电压

5. 感应电压触电

当人触及带有感应电压的设备和线路时所造成的触电事故称为感应电压触电。一些不带电的线路由于大气变化(如雷电活动),会产生感应电荷;停电后一些可能感应电压的设备和线路如果未及时接地,这些设备和线路对地均存在感应电压。

6. 剩余电荷触电

剩余电荷触电是指当人触及带有剩余电荷的设备时,带有电荷的设备对人体放电造成的触电事故。带有剩余电荷的设备通常含有储能元件,如并联电容器、电力电缆、电力变压器及大容量电动机等。设备带有剩余电荷,通常是由于检修人员在检修中采用摇表测量时,检修前后没有对其充分放电所造成的。

7. 雷电电击

雷电电击是自然界一种放电现象,多发生在雷雨之间,也有小部分放电发生在雷云对地或地面物体上。若人体正处在或靠近雷电放电区域附近,很可能遭到雷电电击。

5.1.3　触电急救

一旦发生触电事故时,应立即组织急救。人在触电后可能由于失去知觉或超过人的摆脱电流而不能自己脱离电源,此时抢救人员不要惊慌,要在保护自己不被触电的情况下,使触电者脱离电源。

(1)出事地附近有电源开关或插头时,应立即断开开关或拔掉电源插头,以切断电源。

(2)若电源开关远离出事地时,通知有关部门立即停电。同时用绝缘钳或干燥的木棒、竹竿、手杖或木柄斧子把电线挑开,挑开的电线要放置好,不要使人再触到。

(3)抛掷裸露的金属导线,使线路短路接地,迫使保护装置动作,断开电源。

(4)当电线搭落在触电者身上或被压在身下时,可用干燥的衣服、手套、绳索、竹竿、木棒等绝缘物作救护工具,拉开触电者或挑开电线,使触电者脱离电源;或用干木板、干胶木板等绝缘物插入触电者身下,隔断电源。

在帮助触电者脱离电源的同时,应保证自身和现场其他人员的生命安全。操作时需注意以下几点：

（1）救护者不得直接用手或其他金属及潮湿的物件作为救护工具，且应单手操作，以防止自身触电。

（2）应站在干燥的木板、木凳、绝缘垫上或穿绝缘胶鞋操作。

（3）对高处触电者解救时需采取防止摔伤的措施，避免触电人摔下造成更大伤害。

（4）若触电事故发生在夜间，应迅速准备手电筒、蜡烛等临时照明用具。

把脱离电源的触电者迅速移至通风干燥的地方，使其仰卧，并解开其上衣和腰带，然后对触电者进行诊断。

1. 诊断

（1）判断是否有呼吸。观察呼吸情况，看其是否有胸部起伏的呼吸运动，或将面部贴近触电者口鼻处感觉有无气流呼出。

（2）判断心跳是否停止。检查心跳情况，摸一摸颈部的颈动脉或腹股沟处的股动脉有无搏动，将耳朵贴在触电者左侧胸壁乳头内侧二横指处，听一听是否有心跳的声音。

（3）检查瞳孔是否放大。当触电者处于假死状态时，大脑细胞严重缺氧，处于死亡边缘，瞳孔自行放大，对外界光线强弱无反应。可用手电照射瞳孔，看其是否回缩。

2. 现场急救的方法

根据诊断结果，采取相应的急救措施，同时向附近医院告急求救。

（1）触电者神志尚清醒，或由昏迷转为清醒，但有四肢发麻、全身无力、心慌反应等，此时，应使触电者保持安静，不要走动，请医生前来或送医院诊治。

（2）触电者失去知觉，但心跳和呼吸还存在时，须让触电者舒适、安静地平躺在空气流通的地方，解开衣领便于呼吸。天气寒冷时，注意保温，摩擦全身，使之发热。迅速请医生前来或送医院诊治。

（3）触电者有心跳无呼吸时，应采用"口对口人工呼吸法"进行抢救，它是触电急救行之有效的科学方法，具体的步骤及方法，如图5.5所示。

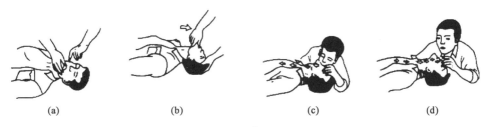

(a)   (b)   (c)   (d)

图5.5 口对口（鼻）人工呼吸法

①使触电者仰卧，迅速解开其衣领和腰带，松开上身的衣服，使其胸部能自由扩张，不妨碍呼吸。②将触电者头偏向一侧，清除口腔中的血块、假牙及其他异物，使其呼吸道畅通；必要时可用金属匙柄从嘴角伸入，使嘴张开。③救护者站在触电者的一边，一只手捏紧触电者的鼻子，一只手托在触电者颈后，使触电者颈部上抬，头部后仰，然后深吸一口气，用嘴紧贴触电者嘴。④大口吹气，接着放松触电者的鼻子，让气体从触电者肺部排出。每5s吹气一次，不断重复地进行，直到触电者苏醒为止。

对儿童施行此法时，不必捏鼻。开口困难时，可以使其嘴唇紧闭，对准鼻孔吹气（即口对鼻人工呼吸),效果相似。

(4)若触电人员伤害得严重,有呼吸但心跳已停止时,应采用"胸外心脏挤压法"进行抢救。具体操作步骤,如图5.6所示。

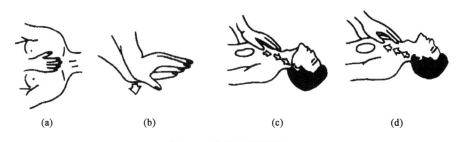

图5.6　胸外心脏挤压法

①将触电者仰卧在结实的平地或木板上,松开衣领和腰带。使其头部稍后仰(颈部可枕垫软物)。抢救者跪跨在触电者腰部两侧。抢救者将右手掌放在触电者胸骨处,中指指尖对推其颈部凹陷的下端。②左手掌复压在右手背上。③抢救者借身体重量向下用力挤压,压下3~4cm,突然松开。④挤压和放松动作有节奏,每秒钟进行一次,每分钟宜挤压60次左右,不可中断,直至触电者苏醒为止。要求挤压定位要准确,用力要适当,防止用力过猛会给触电者造成内伤和用力过小挤压无效果。对儿童采用挤压法抢救时,要更加慎重。

(5)触电者呼吸和心跳部停止时,须同时采用"口对口人工呼吸法"和"胸外心脏挤压法"。单人救护时,可先吹气2~3次,再挤压10~15次,交替进行。双人救护时,每5s吹气一次,每秒钟挤压一次,两人同时进行操作。

抢救既要迅速又要有耐心,即使在送往医院的途中也不能停止急救,此外不能给触电者打强心针、泼冷水或压木板等。

5.2　安全用电及防护措施

安全用电是关系到人们生命和财产安全的大事,因此,在电气系统和电气设备的设计、制造、安装、运行和检修维护过程中,要严格遵守国家规定的标准和规程。建立健全安全规章制度,如安全操作规程、电气安装规程、运行管理规程、维护检修制度等,并认真落实执行。加强安全教育,提高安全意识,如对从事电气工作的人员,应加强培训和考核,杜绝违章操作。

5.2.1　产生触电事故的主要原因

产生触电事故主要有以下几个方面的原因:
(1)缺乏电气安全知识,触及带电的导线。
(2)没有遵守操作规程,人体直接与带电体部分接触。
(3)由于用电设备管理不当,使绝缘损坏发生漏电,人体碰触漏电设备外壳。
(4)高压线路落地,造成跨步电压引起对人体的伤害。
(5)检修中,安全组织措施和安全技术措施不完善,接线错误,造成触电事故。
(6)其他偶然因素,如人体受雷击等。

5.2.2 安全用电措施

1.停电作业的安全措施

检修线路或设备,应在停电后进行,并采取下列安全技术措施。

（1）切断电源。必须按照停电操作顺序进行,切断来自各方面的电源,保证各电源有一个明显断点。对多回路的线路,要防止从低电压侧倒送电。

（2）验电。停电检修的设备或线路,必须验明电气设备或线路无电后,才能确认无电,否则应视为有电。验电时,应选用电压等级相符、合格的验电器对检修设备的进出线两侧各相分别验电,确认无电后方可工作。

（3）装设临时地线。对于可能送电到检修设备的线路,或可能产生感应电压的地方,都要装设临时地线。装设过程为:先接好接地端,在验明电气设备或线路无电后,立即接到被检修的设备或线路上;拆除时则与之相反。操作人员应戴绝缘手套,穿绝缘鞋,人体不能触及临时接地线,并设专人监护。临时接地线应使用截面积不小于2.5mm²的多股软裸铜导线。

（4）悬挂警告牌。停电作业时,对一经合闸即能送电到检修设备或线路的开关,须在配电柜的操作手柄上面悬挂"有人工作,禁止合闸"的警告牌,必要时加锁固定和派专人监护。

2.带电作业时的安全措施

特殊情况下必须带电工作时,应严格按照带电作业的安全规定进行作业。

（1）在低压电气设备或线路上进行带电工作时,应使用合格的、有绝缘手柄的工具,穿绝缘鞋,戴绝缘手套,并站在干燥的绝缘物体上,同时派专人监护。

（2）对工作中可能碰触到的其他带电体及接地物体,应使用绝缘物隔开,防止相间短路和接地短路。

（3）检修带电线路时,应分清相线和零线。断开导线时,应先断开相线,后断开零线;搭接导线时,应先接零线,后接相线;接相线时,应将两个线头搭实后再行缠接,切不可有通过人体或手指搭接两根线的过程。

（4）高压线、低压线同杆架设时,检修人员离高压线的距离要符合安全距离,如表5.3所示。

表5.3　电压等级与安全距离

电压等级,kV	安全距离,m	电压等级,kV	安全距离,m
15 以下	0.7	44	1.2
20～35	1.0	60～100	1.5

3.常用电气保护安全措施

（1）电气设备的金属外壳采取保护接地或接零。

（2）安装自动断电保护装置。它是一种新型用电安全措施,有漏电保护、过流保护、过压或欠压保护、短路保护等功能。当发生触电或线路、设备故障时,自动断电装置能在规定时间内自动切除电源,保护人身和设备安全。

4. 其他措施

（1）尽可能采用安全电压。安全电压是指人体较长时间接触带电体而不发生触电危险的电压，其数值与人体电阻和可承受的安全电流有关。国际电工委员会（IEC）规定安全电压的上限值为50V。我国规定：对50～500Hz的交流电的安全电压额定值（有效值）为42V、36V、24V、12V、6V五个等级，且任何情况下均不得超过50V有效值。当电气设备电压大于24V安全电压时，必须有防止人体直接接触带电体的保护措施。根据这一规定，手提式照明灯、机床局部照明或在潮湿、易导电的地下、金属容器内的照明等，采用36V以下的安全电压。另外，一些特殊的电气保护、控制回路、指示灯回路也有采用安全电压的。安全电压的电源必须采用独立的双绕组隔离变压器，一、二次侧绕组必须加装短路保护装置，并有明显标志，严禁用自耦变压器提供低压。

（2）保证安全距离。设备的布置安装须考虑操作和维修时的安全距离，在任何情况下须保证人体与带电体之间、人体与设备之间、设备与设备之间的安全距离。

（3）设立防护屏障。为了防止人体进入触电危险区，常采用防护屏障如栅栏、护套、护罩等将带电体与周围隔离。防护屏障须有足够的机械强度和良好的耐热、防火性能，若使用金属材料制作，还须妥善接地。

（4）定期检查用电设备。必须对用电设备定期检查，进行耐压试验，使电气设备处于通风干燥的环境中，保障其具有良好的绝缘性，确保安全运行。

5.2.3 接地

1. 基本概念

接地是将电气设备或装置的某一点（接地端）与大地之间做符合技术要求的电气连接，目的是利用大地为正常运行、绝缘损坏或遭受雷击等情况下的电气设备等提供对地电流流通回路，保证电气设备和人身的安全。

（1）接地装置、接地体和接地线。接地装置由接地体和接地线两部分组成，如图5.7所示。接地体是埋入地中并和大地直接接触的导体组。它分为自然接地体和人工接地体。自然接地体是利用与大地有可靠连接的金属构件、金属管道、钢筋混凝土建筑物的基础等作为接地体。人工接地体是用型钢如角钢、钢管、扁钢、圆钢制成，打入地下而形成的。人工接地体一般有水平敷设和垂直敷设两种。电气设备或装置的接地端与接地体相连的金属导体称为接地线。接地线分为接地干线和接地支线。

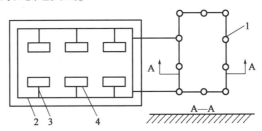

图5.7　接地装置示意图

1—接地体；2—接地干线；3—接地支线；4—电气设备

（2）接地短路与接地短路电流。电气设备或线路因绝缘损坏或老化,使其带电部分通过电气设备的金属外壳或构架与大地接触的情况,称为接地短路。发生接地短路时,由接地故障点经接地装置而流入大地的电流称为接地短路电流,也称接地电流。

（3）电气上的"地"和接地时的对地电压。电气设备发生接地短路故障时,接地电流通过接地体以半球形状向大地流散,在距接地体 20m 以外,电流不再产生电压降,电位已降到零。通常将这一电位等于零的地方,称为电气上的"地"。此时,电气设备的金属外壳与零电位之间的电位差,称为电气设备接地时的对地电压。

（4）接地电阻、散流电阻、工频接地电阻和冲击接地电阻。接地线电阻和接地体的对地电阻的总和称为接地装置的接地电阻,即电气设备接地时的对地电压与接地电流之比。接地体的对地电压与接地电流的比值称为散流电阻。由于接地线和接地体本身电阻很小,可忽略不计,故接地电阻与散流电阻数值相同。工频电流流过接地装置时呈现的电阻称为工频接地电阻。当冲击电流(如雷击电流,数值大至几百 kA,时间很短至几个 μs)通过接地体流入大地,土壤即被电离,此时呈现的接地电阻为冲击接地电阻。接地体的冲击接地电阻比工频接地电阻小。

（5）中性点与中性线。星形联结的三相电路中,三相电源或负载连在一起的点称为三相电路的中性点。由中性点引出的线称为中性线,用 N 表示,如图 5.8 所示。

（6）零点与零线。当三相电路中性点接地时,该中性点称为零点。由零点引出的线称为零线,如图 5.8 所示。

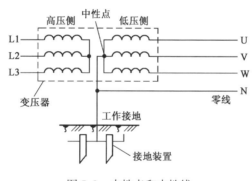

图 5.8　中性点和中性线

2. 电气设备接地的种类

1）工作接地

为了保证电气设备的正常工作,将电路中的某一点通过接地装置与大地可靠地连接,称为工作接地,如变压器低压侧的中性点、电压互感器和电流互感器的二次侧某一点接地等,其作用是为了降低人体的接触电压。供电系统中电源变压器中性点的接地称中性点直接接地系统,中性点不接地的称中性点不接地系统。中性点接地系统中,一相短路,其他两相的对地电压为相电压。中性点不接地系统中,一相短路,其他两相的对地电压接近线电压。

2）保护接地

保护接地是将电气设备正常情况下不带电的金属外壳通过接地装置与大地可靠地连接。当电气设备不接地时,如图 5.9(a)所示,若绝缘损坏,一相电源碰壳,电流经人体电阻、大地和线路对地绝缘电阻构成的回路,若线路绝缘损坏,电阻变小时,流过人体的电流增大,便会触电。当电气设备接地时,如图5.9(b)所示,虽有一相电源碰壳,但由于人体电阻远大于接地电阻(一般为几欧),所以通过人体的电流极小,流过接地装置的电流则很大,从而保证了人体安全。

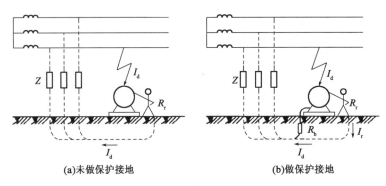

(a)未做保护接地　　　　　　　　(b)做保护接地

图5.9　保护接地原理

保护接地适用于中性点不接地或不直接接地的电网系统,处于该系统中的设备应采取保护接地。这些设备包括:电动机、变压器、照明灯具、携带式及移动式用电器具的金属外壳和底座;电器设备的传动机构;室内外配电装置的金属构架及可能带感应电的金属门栏;互感器的二次线圈;电力电缆的接线盒、终端盒的金属外壳和电缆的金属外皮;装有避雷线的电力线路的杆和塔。

3)保护接零

在中性点直接接地系统中,把电气设备金属外壳等与电网中的零线做可靠的电气连接,称保护接零。保护接零可以起到保护人身和设备安全的作用,其原理如图5.10(a)所示。当一相绝缘损坏碰壳时,由于外壳与零线连通,形成该相对零线的单相短路,短路电流使线路上的保护装置(如熔断器、低压断路器等)迅速动作,切断电源,消除触电危险。对未接零设备,则不然,对地短路电流不一定能使线路保护装置迅速可靠动作,如图5.10(b)所示。

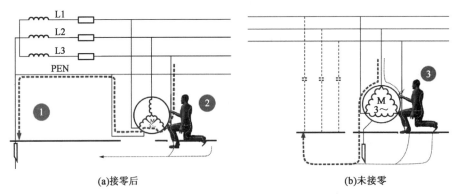

(a)接零后　　　　　　　　　　(b)未接零

图5.10　保护接零原理

国标中规定相线用L表示,中性线用N表示,保护地线用P更表示,对兼有保护线(PE)和中性线(N)作用的导体——保护中性线,用PEN表示,如图5.10所示。

采用保护接零时注意:

(1)同一台变压器供电系统的电气设备不宜将保护接地和保护接零混用,而且中性点工作接地必须可靠。

(2)保护零线上不准装设熔断器。

4)重复接地

三相四线制的零线在多于一处经接地装置与大地再次连接的情况称为重复接地。对1kV以下的接零系统中,重复接地的接地电阻不应大于10Ω。重复接地的作用为:降低三相不平衡电路中零线上可能出现的危险电压,减轻单相接地或高压串入低压的危险。具体表现在:

(1)降低漏电设备的对地电压。保护接零设备带电部分碰壳时,短路电流经过零线形成回路。此时电气设备的对地电压等于中性点对地电压与单相短路电流在零线上电压降的向量和。这个电压高于安全电压,而零线阻抗的大小直接影响到设备对地电压的高低。为此,采用重复接地,就地降低设备碰壳时的对地电压。

(2)减轻零线断线后的危险。图5.11(a)所示为不做重复接地的情况,当零线在某处断线时,断点后边一段如有一台设备发生碰壳,就会导致后面整段设备的外壳对地电压都为相电压,一旦触及便非常危险。若装设了重复接地,如图5.11(b)所示,即使出现中性线断线,断线处前面和后面各设备的对地电压被均匀了、降低了;同时,对人体的危害也大大下降了。因仍然存在危险,所以尽量避免中性线或者接地线出现断线的现象。

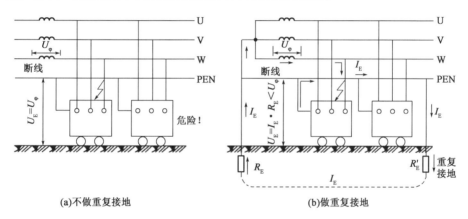

(a)不做重复接地　　　　　　　　(b)做重复接地

图5.11　重复接地减轻零线断线后的危险

(3)缩短碰壳短路故障的持续时间。因为从接地点看,重复接地时,工作接地和零线是并联电路,发生短路故障时可增加短路电流,加速保护装置的动作,缩短了事故持续时间。

(4)改善低压架空线路的防雷性能。对架空线路零线作重复接地,对雷电有分流作用,有利于限制雷电过电压。

5)重复接地点的设置

设置重复接地装置时,应选择合适的地点。规程规定,在保护接零系统中,零线应在下列各处进行重复接地:(1)电源的首端、终端,架空线路的干线和分支、终端处及沿线路每隔1km处。(2)架空线路或电缆线路引入建筑物内的配电柜。

6)保护接零的应用范围

在变压器中性点直接接地的供电系统中,电气设备金属外壳均应采用保护接零。相反应注意,在中性点直接接地的系统中采用保护接地不能防止人体遭受触电的危险。

规程规定保护接零时还应特别注意:

(1)零线的截面积应足够大(干线截面积不小于相线截面积的1/2,支线的截面积不小于相线截面积的1/3)。

(2)零线上不允许加装刀闸、自动空气断路器、熔断器等保护电器。

(3)零线或接零线的连接应牢固可靠、接触良好;接零线与设备的连接应采用螺栓连接。

(4)采用接零保护时,除电源变压器的中性线必须采取工作接地外,对零线也按规程规定重复接地。

(5)采用保护接零时,保护零线与工作零线应分开。

(6)在采用同一变压器的供电系统中,不允许一部分设备采用保护接地,另一部分设备采用保护接零。

7)其他保护接地

(1)过电压保护接地:为了消除雷击或过电压的危险影响而设置的接地。

(2)防静电接地:为了消除生产过程中产生的静电而设置的接地。

(3)屏蔽接地:为了防止电磁感应而对电力设备的金属外壳、屏蔽罩、屏蔽线的外皮或建筑物金属屏蔽体等进行的接地。

8)接地电阻的最大允许值

(1)3~10kV配电所、变电所高低压共用接地装置为4Ω。低压电力设备接地装置为4Ω。

(2)单台容量≤100kV·A或运行总容量≤100kV·A的变压器、发电机等电力设备的共用接地装置为10Ω。

(3)3~10kV线路在居民区的钢筋混凝土杆的接地装置为30Ω。

(4)配电线路零线的每一重复接地装置为10Ω。

5.3　漏电保护的原理和应用

漏电保护为现在广泛采用的一种防治触电的保护装置。在电气设备中发生漏电或者接地故障而人体尚未触及时,漏电保护装置已经切断电源;或者在人体已触及带电体时,漏电保护器能在非常短的时间内切断电源,减轻对人体的危害。漏电保护是相对接地保护与接零保护而言的,它在防止触电、保护线路设备方面是更积极、更完善、更有效的措施,因而得到了广泛应用。

漏电电流动作保护器简称漏电保护器,是一种电气安全装置,又叫漏电保护开关,如图5.12所示。它主要是用来在设备发生漏电故障时以及人身有致命危险的触电时进行保护。

5.3.1　漏电保护器的结构和工作原理

漏电保护器在反应触电和漏电保护方面具有高灵敏性和动作快速性,这是其他保护器,如熔断器、自动开关等无法比拟的。自动开关和熔断器正常时要通过负荷电流,它们的动作保护值要大于正常负荷电流来整定,因此它们的主要作用是切断系统的相间短路故障。而漏电保护器是安装在低压电路中,当发生漏电或触电,且达到保护器所限定的动作电流值时,就立即在限定的时间内自动断开电源进行保护。所有漏电保护器均由用于漏电电流检测的零序电流互感器、漏电电流与设定值比较判别的脱扣机构和执行分断电路动作的主开关三部分组成。图 5.13 所示为单相漏电保护器的结构和工作原理示意图。

图 5.12　漏电保护器实物图

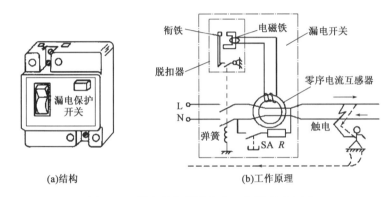

(a)结构　　　　　　　　　　(b)工作原理

图 5.13　漏电保护器结构和工作原理示意图

在正常情况下,线路没有发生人身触电、漏电、接地等故障时,相线和零线流过的电流大小相等、方向相反,合成电流矢量为零,零序电流互感器铁芯的磁通为零,其二次线圈无感应电压输出,漏电保护器的开关保持在闭合状态,线路正常供电。

当发生人身触电等接地故障时,相线电流的一部分经人体直接流入大地,而不经零线返回,因而相电流大于零线电流,在零序电流互感器中形成一个不为零的交变磁通,在其二次线圈产生电流、流经脱扣器线圈。当电流达到某一规定值时,脱扣器动作,推动主开关跳闸,切断电源,起到触电保护的作用。图中漏电保护器脱扣器为电磁式的,另外也有采用灵敏度较高的电子脱扣器的。SA 为试验按钮,与电阻 R 串联组成一个试验回路。按下该按钮可以使互感器二次侧感应出电流,模拟接地故障,以检查漏电保护器动作是否正常。

当电气设备发生漏电时,相线电流的一部分经保护线绕过开关流回,如图 5.13 虚线所示,同样使开关跳闸,实现漏电保护。

对三相电路的三极、四极的漏电保护器来说,除穿越零序电流互感器的导线根数不同外,其结构和工作原理与单相基本相同。

5.3.2　漏电保护器的选择

漏电保护器按电源相数有单相和三相之分,按级数有二、三、四极之分。漏电保护器应根据所保护的线路或设备的电压等级、工作电流及其正常泄漏电流的大小来选择。

（1）对于用于防触电为目的的漏电保护器,例如家用电器配电线路宜选用动作时间为0.1s以内、动作电流在30mA以下的漏电保护器。

（2）对于特殊场合,如220V以上电压、潮湿环境且接地有困难,或发生人身触电会造成二次伤害时,供电回路中应选择动作电流小于15mA、动作时间在1ms以内的漏电保护器。

（3）选择漏电保护器时应考虑灵敏度与动作可靠性的统一。漏电保护器的动作电流选得越低,安全保护的灵敏度就越高,但由于供电回路设备都有一定的泄漏电流,容易造成保护器经常性误动作,或不能投入运行,破坏供电的可靠性。

（4）漏电保护器的主要技术参数。漏电保护器类型很多,厂家型号表示方法各异,但内容基本一致。以DZ13L系列漏电保护器为例,其型号含义如图5.14所示。

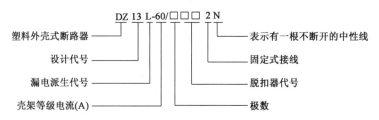

图5.14　DZ13L系列漏电保护器型号

目前,电器厂家把空气断路器和漏电保护器制成模块结构,根据需要可以方便地把二者组合在一起,构成带漏电保护的断路器,其电气保护性能更加优越。

5.3.3　漏电保护器安装及注意事项

漏电保护器能否起到理想的保护作用,除了要求选型合理外,还取决于安装和接线的正确与否。安装时应特别注意:

（1）检验接线端,分清进出线的标记,进线与出线、相线与零线不能互换。电源线应接在标有"电源"的一端,负载线应接在标有"负载"的一端。标有"N"的一端必须保证与电源的"N"相接,如图5.15所示。

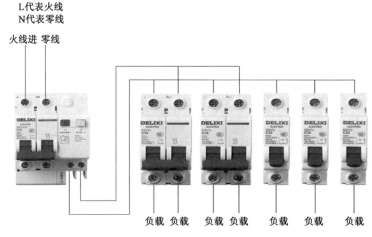

图5.15　漏电保护器接线图

（2）漏电保护器后(出线端)的零线不得做重复接地,漏电保护器后的零线若重复接地,负载不平衡电流的一部分可能会经大地返回电源侧零点,使漏电保护器动作。

（3）保护支路应有各自的专用零线。分级分支保护的每一分支都必须有自己的专用零线,每一支路漏电开关后的零线不能相连,负载的零线不能任意混接,否则也会引起误动作而使线路无法正常运行。

5.3.4　漏电保护器安装操作

（1）在电工实训中分别按图5.15和图5.16的要求,正确安装漏电保护器。

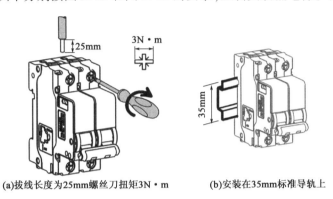

(a)拔线长度为25mm螺丝刀扭矩3N·m　　(b)安装在35mm标准导轨上

图5.16　漏电保护器安装图

（2）经指导教师检查、确认正确无误后通电,观察漏电保护器是否跳闸？若跳闸则检查原因,排除故障后再合闸。

（3）在教师指导下,以灯泡为负载,模拟漏电保护器后(出线端)的零钱重复接地和负载零线混接。观察漏电保护器的动作情况。

注意:

（1）为安全起见,在漏电保护器前加适当小熔断器作后备保护。

（2）操作时,每次先断开电源进行接线,经检查后通电。

（3）发现异常现象、异味、怪声等应立即分闸断电。

第6章　电工常用工具与仪表的使用

电工工具和仪表在电气设备安装、维护和修理工作中起着重要的作用,正确使用电工工具和仪表,既能提高工作效率,又能减小劳动强度,保障作业安全。

6.1　电工常用工具

电工常用工具是指一般专业电工经常使用的工具,常用工具有钢丝钳、尖嘴钳、螺丝刀、电工刀、剥线钳、低压验电器、手电钻和活动扳手等。撇开工具本身质量因素,对电气操作人员来说,能否熟悉和掌握电工常用工具的结构、性能、使用方法和规范操作,将直接影响工作效率和电气工程的质量乃至人身安全。

6.1.1　钢丝钳

钢丝钳俗称老虎钳,是钳夹和剪切工具。电工钢丝钳在钳柄套有绝缘管(耐压500V),可用于适当的带电作业,是电工应用最频繁的工具。电工钢丝钳常用的规格有150mm、175mm、200mm三种。

1.结构

电工钢丝钳由钳头和钳柄两部分组成。钳头包括钳口、齿口、刀口和铡口四部分。其结构如图6.1所示。电工钢丝钳柄部一般装有耐压500V塑料绝缘套。

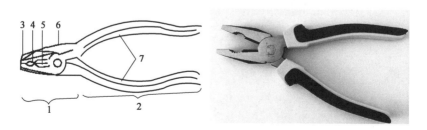

图6.1　电工钢丝钳的结构

1—钳头;2—钳柄;3—钳口;4—齿口;5—刀口;6—铡口;7—绝缘套

2.用途

电工钢丝钳的用途很多,钳口可用来钳夹和弯绞导线线头;齿口可代替扳手来拧小型螺母;刀口可用来剪切电线、掀拔铁钉或者剖削软导线绝缘层;铡口可用来铡切电线芯线、钢丝或者铅丝等硬金属丝。

3.注意事项

(1)电工钢丝钳使用以前,必须检查其绝缘柄,确定绝缘状况完好,否则,不得带电操作,以免发生触电事故。

(2)用电工钢丝钳剪切带电导线时,必须单根进行,不得用刀口同时剪切相线和零线或者两根相线,以免造成短路故障。

(3)使用电工钢丝钳时要使刀口朝向内侧,便于控制钳切部位。

(4)不能用钳头代替手锤作为敲打工具,以免变形。钳头的轴销应经常加机油润滑,保证其开闭灵活。

6.1.2 尖嘴钳

尖嘴钳的头部尖细,适用于在狭小的空间操作。钳头用于夹持较小螺钉、垫圈、导线和把导线端头弯曲成所需形状,小刀口用于剪断细小的导线、金属丝等。尖嘴钳规格通常按其全长分为 130mm、160mm、180mm、200mm 四种。尖嘴钳的结构如图 6.2 所示。

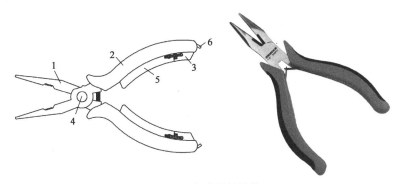

图 6.2　尖嘴钳的结构
1—钳头;2—钳柄;3—旋转块;4—旋杆;5—加长杆;6—卡杆

1.结构

尖嘴钳包括钳头和钳柄,其特征在于,钳柄均固定设置于对应的钳头的右端,且通过转杆连接;钳柄的右端设置有卡杆,卡杆与对应的限位孔相匹配,旋转块的上表面均螺纹设置有紧固螺栓,旋转块与对应的加长杆之间设置有调节机构。尖嘴钳手柄套有绝缘耐压500V绝缘套。

2.用途

尖嘴钳的钳头用于夹持较小螺钉、垫圈、导线等元件施工。在装接控制线路板时,尖嘴钳能将单股导线弯成一定圆弧的接线鼻子和把导线端头弯曲成所需的形状。带有刃口的尖嘴钳还能剪断细小的导线等。

3.注意事项

使用前,必须检查绝缘柄的绝缘体是否完好,同时,不得带电操作,以免发生触电事故。用尖嘴钳剪切带电导线时,必须单根进行,以免发生短路故障。

6.1.3 螺丝刀

螺丝刀又称起子或改锥,是用来紧固或拆卸带槽螺钉的常用工具。

1.样式和规格

按头部形状的不同,常用螺丝刀的样式和规格有一字形和十字形两种,如图6.3所示。

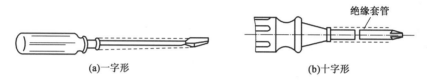

(a)一字形   (b)十字形

图6.3 螺丝刀

一字形螺丝刀用来紧固或拆卸带一字槽的螺钉,其规格用柄部以外的体部长度来表示,电工常用的有50mm、150mm两种。

十字形螺丝刀是专供紧固和拆卸带十字槽螺钉用的,其长度和十字头大小有多种,按十字头的规格分为四种型号:Ⅰ号适用的螺钉直径为2~2.5mm,Ⅱ号为3~5mm,Ⅲ号为6~8mm,Ⅳ号为10~12mm。

另外,还有一种组合式螺丝刀,它配有多种规格的一字头和十字头,螺丝刀头可以方便更换,具有较强的灵活性,适合紧固和拆卸多种不同螺钉。

2.基本使用方法

(1)大螺丝刀的使用。大螺丝刀一般用来紧固较大的螺钉。使用时,除用大拇指、食指和中指夹住握柄外,手掌还要顶住柄的末端,这样可以防止旋转时滑脱,如图6.4所示。

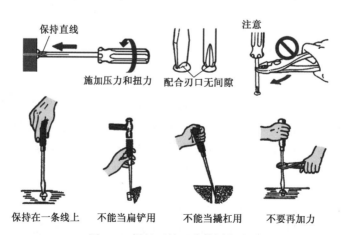

保持直线   注意

施加压力和扭力   配合刃口无间隙

保持在一条线上   不能当扁铲用   不能当撬杠用   不要再加力

图6.4 螺丝刀的正确使用方法

（2）小螺丝刀的使用。小螺丝刀一般用来紧固电气装置接线桩头上的小螺钉,使用时,可用大拇指和中指夹着握柄,用食指顶住柄的末端捻旋。

（3）较长螺丝刀的使用。可用右手压紧并转动手柄,左手握住螺丝刀的中间部分,以使螺丝刀不致滑脱,此时左手不得放在螺钉的周围,以免螺丝刀滑出时将手划破。

3.注意事项

（1）进行电气操作时,应首选绝缘手柄螺丝刀,且应检查其绝缘是否良好以免造成触电事故。

（2）螺丝刀头部形状和尺寸应与螺钉尾槽的形状和大小相匹配。禁止用小螺丝刀去拧大螺钉,不然会拧豁螺钉尾槽或损坏螺丝刀头部,同样用大螺丝刀拧小螺钉时,也容易因力矩过大而导致小螺钉滑丝。

（3）应使螺丝刀头部顶紧螺钉槽口旋转,防止打滑而损坏槽口。

6.1.4 电工刀

电工刀是电工常用的一种切削工具,主要用于剖削导线绝缘层、削制水榫、切断绳索等。

1.结构

普通的电工刀由刀片、刀刃、刀把、刀挂等构成,如图6.5所示。不用时,把刀片收缩到刀把内。电工刀有普通型和多用型两种,普通型配单一刀片,按刀片长度将其分为大号112mm、小号88mm两种规格。多用途电工刀除具有刀片外,还有折叠式的锯片、链针和螺丝刀,可用以锯割电线槽板、胶水管、锥钻木螺钉的底孔。常见的多用电工刀刀片长度为100mm。

图6.5 电工刀

2.用途

电工刀的刀口磨制成单面呈圆弧状的刃口,刀刃部分锋利一些。在剖削电线绝缘层时,可把刀略微向内倾斜,用刀刃的圆角抵住芯线,刀口向外推出,这样既不易削伤芯线,又防止操作者受伤。

3.注意事项

（1）切忌把刀刃垂直对着导线切割绝缘,以免削伤芯线。
（2）严禁在带电体上使用没有绝缘柄的电工刀进行操作。
（3）用电工刀剥削绝缘时切勿用刀口对准人。

6.1.5 剥线钳

1. 结构

剥线钳用来剥削直径 3 mm (截面积 6 mm²) 及以下绝缘导线的塑料或橡胶绝缘层, 其结构如图 6.6 所示。它由钳口和手柄两部分组成。剥线钳钳口分有 0.5 ~ 3 mm 的多个直径切口, 用于不同规格芯线的剥削。剥线钳手柄也装有绝缘套。

图 6.6 剥线钳

2. 使用方法

将要剥削的绝缘长度标尺定好后, 即可将导线放入相应的刃口中。注意, 刃口直径应比导芯线直径略大。用手握紧钳柄, 导线的绝缘层即被割破自动弹出, 然后绝缘层剥离金属导线。

3. 注意事项

在使用时要选好刀刃孔径, 当刀刃孔径选太大时难以剥离绝缘层, 若刀刃孔径选小时又会切断或损伤芯线, 只有选择合适的孔径才能达到剥线钳的使用目的。

6.1.6 低压验电器

维修电工使用的低压验电器又称测电笔、试电笔或电笔, 是检验导线、电器是否带电的一种常用工具, 检测范围为 50 ~ 500 V, 有钢笔式、旋具式和组合式多种。

1. 组成

低压验电器由触头、降压电阻、氖泡、弹簧、尾部金属体等部分组成, 如图 6.7 所示。

2. 使用方法

使用低压验电器时, 必须按照图 6.8 所示的握法操作。注意手指必须接触笔尾的金属体 (钢笔式) 或测电笔顶部的金属螺钉 (螺丝刀式)。这样, 只要带电体与大地之间的电位差超过 50 V 时, 电笔中的氖泡就会发光。

3. 作用

(1) 可以区别电源相线和零线: 相线发光, 零线和地线不发光。
(2) 区别直流与交流: 被测电压为直流时, 氖灯里两个极只有一个发光, 而交流两个极都发光。

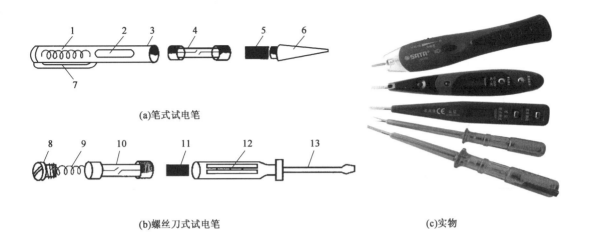

(a)笔式试电笔

(b)螺丝刀式试电笔

(c)实物

图 6.7　低压验电器(试电笔)结构图和实物

1、9—弹簧;2、12—观察孔;3—笔身;4、10—氖管;5、11—电阻;6—笔尖探头;7—金属笔挂;8—金属螺钉;13—刀体探头

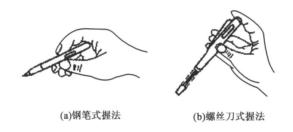

(a)钢笔式握法　　　　(b)螺丝刀式握法

图 6.8　低压验电器的握法

(3)区别电压高低:被测导电体电压越高,氖管发光亮度越大。

(4)检查电源相线是否对地漏电,对地漏电的那一相电源测试时亮度较弱。此外还有区别直流电源正、负极并测知直流电是否接地、判断交流电的同相和异相等。

4.注意事项

(1)使用前,先要在有电的导体上检查电笔能否正常发光,检验其可靠性。

(2)在明亮的光线下往往不容易看清氖泡的辉光,应注意避光。

(3)电笔的金属探头虽与螺丝刀头形状相同,它只能承受很小的扭矩,不能像螺丝刀那样使用,否则会损坏。

(4)低压验电器可用来区分相线和零线,氖泡发亮的是相线,不亮的是零线。低压验电器也可用来判别接地故障。如果在三相四线制电路中发生单相接地故障,用电笔测试中性线时,氖泡会发亮;在三相三线制线路中,用电笔测试三根相线,如果两相很亮,另一相不亮,则这相可能有接地故障。

（5）低压验电器可用来判断电压的高低。氖泡越暗,则表明电压越低;氖泡越亮,则表明电压越高。

6.1.7　手电钻

1.结构

手电钻是一种头部装有钻头、内部装有单相电动机、靠旋转来钻孔的手持式电动工具。它有普通电钻和冲击电钻两种。普通电钻装上通用麻花钻头仅靠旋转能在金属上钻孔。冲击电钻采用旋转带冲击的工作方式,一般带有调节开关。当调节开关在旋转无冲击即"钻"的位置时,其功能如同普通电钻;当调节开关在旋转带冲击即"锤"的位置时,装上镶有硬质合金的钻头,便能在混凝土和砖墙等建筑构件上钻孔。冲击电钻通常可冲打直径为 6～16mm 的圆孔。冲击电钻的外形如图6.9所示。

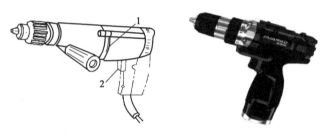

图 6.9　冲击电钻
1—锤、钻调节开关;2—电源开关

2.注意事项

（1）长期搁置不用的冲击电钻,使用前必须用500V兆欧表测定相对绝缘电阻,其值应不小于0.5MΩ。

（2）使用金属外壳冲击电钻时,必须戴绝缘手套、穿绝缘鞋或站在绝缘板上,以确保操作人员的人身安全。

（3）在钻孔时遇到坚硬物体不能加过大压力,以防钻头退火或冲击电钻因过载而损坏。冲击电钻因故突然堵转时,应立即切断电源。

（4）在钻孔过程中应经常把钻头从钻孔中抽出以便排除钻屑。

（5）在使用过程中发现绝缘损坏,电源线或电缆护套破裂,插头、插座开裂或接触不良,以及断续运转等故障时,应立即进行修理,在未修复前不得使用。

6.1.8　活动扳手

活动扳手又称活动板头,是用来紧固和起松螺母的一种专用工具。

1.结构

活动扳手由头部和柄部组成,头部主要由活络扳唇、呆扳唇、扳口、蜗轮和轴销等构成,如图6.10所示。

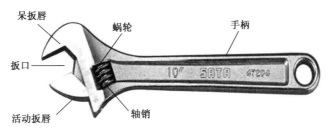

图 6.10　活动扳手结构图

2.使用方法

（1）扳动大螺母时需用较大力矩，手应握在近柄尾处，如图 6.11(a)图所示；

（2）扳动较小螺母时，需要力矩不大，但螺母过小易打滑，故手应握在接近头部的地方，可随时调节蜗轮，收紧活络扳手，防止打滑，如图 6.11(b)图所示。

（3）活动扳手不可反用，以免损坏活络扳唇，也不可用钢管接长手柄来施加较大的扳拧力矩。

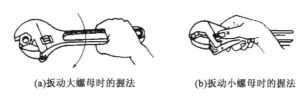

(a)扳动大螺母时的握法　　　(b)扳动小螺母时的握法

图 6.11　活动扳手使用

6.2　钳　形　表

6.2.1　结构和工作原理

钳形表又称钳形电流表。其工作部分主要由一只电磁式电流表和穿心式电流互感器组成。穿心式电流互感器铁芯制成活动开口，且呈钳形，故名钳形电流表，是一种可在不断开电路的情况下实现电路电流、电压和功率等参数测试的一种仪表，如图 6.12 所示。新型号的钳形表体积小、重量轻，又有与普通万用表相似的用途，所以在电工技术中用途广泛。

钳形表按其测量的参数不同又可分为钳形电流表和钳形功率表等。钳形电流表又可分为交流钳形表和交直流钳形表。

专用于测量交流的钳形表实质上是一个电流互感器的变形。位于铁芯中央的被测导线相当于电流互感器的一次绕组，绕在铁芯上的线圈相当于电流互感器的二次绕组，通过电磁感应使仪表指示出被测电流的数值。现在大多数钳形表还附有测量电压及电阻的端钮，在端钮上接上导线即可测量电压和电阻。

测量交直流的钳形表实质上是一个电磁式仪表，放在钳口中的通电导线作为仪表的固定励磁线圈，它在铁芯中产生磁通，并使位于铁芯缺口中的电磁式测量机构发生偏转，从而使仪表指示出被测电流的数值。由于指针的偏转与电流的种类无关，所以此种仪表可测交直流电流。

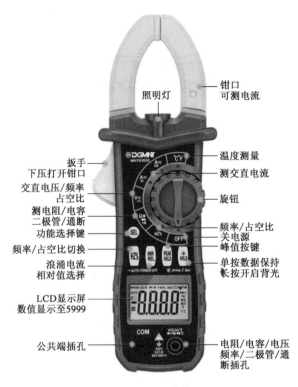

照明灯   钳口
         可测电流

温度测量
扳手
下压打开钳口   测交直电流

交直电压/频率
占空比   旋钮

测电阻/电容
二极管/通断
功能选择键   频率/占空比
                              关电源
频率/占空比切换   峰值按键

浪涌电流
相对值选择   单按数据保持
                              长按开启背光

LCD显示屏
数值显示至5999

公共端插孔   电阻/电容/电压
                              频率/二极管/通
                              断插孔

图 6.12　钳形表

6.2.2　使用方法

（1）由于新型钳形表测量结果都是用整流式指针仪表显示的，所以电流波形及整流二极管的温度特性对测量值都有影响，在非正弦波或高温场所使用时必须加以注意。

（2）根据被测对象，正确选用不同类型的钳形表。如测量交流电流时，可选用交流钳形电流表；测量交直流时，可选用交直流两用钳形电流表。

（3）测量时，应使被测导线置于钳口中央，以免产生误差。

（4）为使读数准确，钳口的两个面应保证良好接合。如有振动或噪声，应将仪表手柄转动几下，或重新开合一次。如果声音仍然存在，则可检查在接合面上是否有污垢存在，如有污垢，可用汽油擦干净。

（5）测量大电流后，如果立即测量小电流，应开、合铁芯数次以消除铁芯中的剩磁。

（6）电流表量程要适宜，应由最高挡逐级下调切换至指针在刻度的中间段为止。量程切换不得在测量过程中进行，以免切换时造成二次瞬间开路，感应出高电压而击穿绝缘。必须切换量程时，应先将钳口打开。

（7）测量母线时，最好在相间处用绝缘隔板隔开以免钳口张开时引起相间短路。

（8）有电压测量挡的钳形表，电流和电压要分开进行测量，不得同时测量。

（9）测量小于5A以下的电流时，为了得到较准确的读数，在条件许可时，可把导线多绕几圈放在钳口进行测量，但实际电流数值应为读数除以放进钳口内的导线条数。

（10）从一个接线板引出许多根导线，而钳口部分又不能一次钳进所有这些导线时，应分别测量每根导线的电流,取这些读数的代数和即可。

6.2.3 注意事项

(1)测量前,要注意电流表的电压等级,不得用低压表测量高压电路的电流,否则会有触电的危险,甚至会引起线路短路。

(2)测量时应戴绝缘手套,并站在绝缘垫上;不宜测量裸导线;读数时要注意安全,切勿触及其他带电部分,以免触电或引起短路。

(3)测量受外部磁场影响很大时,如在汇流排或大容量电动机等大电流负荷附近的测量,要另选测量地点。

(4)重复点动运转的负载,测量时钳口部分稍张开些就不会因过偏而损坏仪表指针。

(5)读取电流读数困难的场所,测量时可利用制动器锁住指针,然后到读取方便处读出指示值。

(6)每次测量后,应把调节电流量程的切换开关置于最高挡位,以免下次使用时因未选择量程而造成仪表损坏。

(7)钳形电流表应保存在干燥的室内,钳口相接处应保持清洁,使用前应擦拭干净使之平整、接触紧密,并将表头指针调在"零位"。携带使用时,仪表不得受到振动。

6.3 兆 欧 表

电气设备绝缘性能的好坏直接关系到电气设备的正常运行及操作人员的人身安全,因此必须定期进行检查。由于这些设备使用的电压都比较高,要求的绝缘电阻数值又比较大,如用万用表测量,由于万用表内的电源电压很低,且高电阻时仪表刻度不准确,所以测量结果往往与实际相差很大,因此在工程上不允许用万用表等来测量绝缘电阻,必须采用专门的仪表——绝缘电阻表(又称兆欧表,摇表)。

6.3.1 结构和工作原理

兆欧表是一种用于测量电动机、电气设备、供电线路绝缘电阻的指示仪表,如图 6.13 所示。

手摇式兆欧表是早期的一种兆欧表,现在出现了更先进的数字式兆欧表,如图 6.14 所示。手摇式兆欧表由能产生较高电压的手摇发电机、表头和三个接线柱组成。手摇式兆欧表的额定电压有 250V、500V、1000V、2500V 等几种,如图 6.15 所示。

常用的兆欧表主要由一台手摇直流发电机和磁电式流比计组成。磁电式流比计是一种特殊形式的磁电式测量机构,其结构示意图如图 6.16 所示。

磁电式流比计有两个可动线圈 1、2,它们的绕向相反,互成一定角度,套装在一个有缺口的圆柱形铁芯 3 外面。

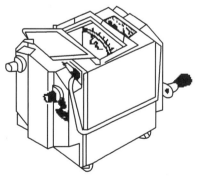

图 6.13 手摇式兆欧表

线圈与指针一起固定在同一转轴上。两个线圈一个用于产生转动力矩,另一个用于产生反作用力矩。

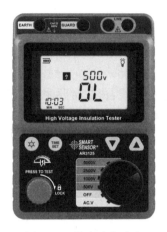

图6.14 数字式兆欧表

图6.15 手摇式兆欧表

兆欧表的测量机构与发电机的连接如图6.17所示。

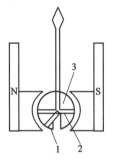

图6.16 磁电式流比计的结构示意图

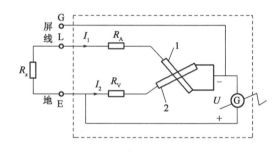

图6.17 兆欧表电路图

被测电阻接在"L"(线路)和"E"(接地)两个端子上,形成了两个回路,一个是电流回路,一个是电压回路。电流回路从电源正端经被测绝缘电阻 R_V、限流电阻 R_A、可动线圈1回到电源负端。电压回路从电源正端经限流电阻 R_V、可动线圈2回到电源负端。由于铁芯有缺口,使气隙中的磁场分布不均匀,因此,两个线圈产生的转矩 T_1 和 T_2,不仅与流过线圈的电流 I_1、I_2 有关,而且还与可动部分的偏转角 α 有关。当 $T_1 = T_2$ 时,可动部分处于平衡状态,其偏转角是两线圈电流 I_1、I_2 比值的函数(故称为流比计),如式(6.1)所示。

$$\alpha = f\left(\frac{I_1}{I_2}\right) \tag{6.1}$$

因为线路电阻 R_A、R_V 为固定值,在发电机电压不变时,电压回路的电流 I_2 为常数,电流回路的电流 I_1 大小与被测电阻 R_x 的大小成正比。所以,流比计指针的偏转角 α 能直接反应绝缘电阻 R_x 的大小。

例如,当 $R_x = 0$ 时,相当于"E""L"两个端子短接,则 I_1 最大,指针偏转至最右端,即兆欧表标尺的"0"刻度位置。当 $R_x = \infty$ 时,相当于"E""L"两个端子开路,则 I_1 为0,可动部分在 I_2 的作用下,将使指针转到最左端,即兆欧表标尺的"∞"刻度位置。

这种仪表指针的偏转角度与手摇发电机的电压大小无关。因为电压变化时,通过两个线圈的电流同时按比例增大或减小,其比值不变,使指针的偏转角也不变。所以,手摇发电机的转速不影响测量结果。

6.3.2 使用方法

(1)选用的兆欧表的额定电压应根据被测电气设备的额定电压来选择,通常遇到的都是3线电压为380V的设备,因此而选用500V的兆欧表。

(2)兆欧表有三个接线柱:线路(L)、接地(E)、屏蔽(G),如图6.18所示。根据不同测量对象,作相应接线。测量线路对地绝缘电阻时,E端接地,L端接于被测线路上;测量电动机或设备绝缘电阻时,E端接电动机或设备外壳,L端接被测绕组的一端;测量电动机或变压器绕组间绝缘电阻时,先拆除绕组间的连接线,E、L端分别接于被测的两相绕组上;测量电缆绝缘电阻时,E端接电线外表皮(铅套)上,L端接芯线,G端接芯线最外层绝缘层上。

(3)兆欧表的使用前应先作如下检查:先让L、E开路,摇动手柄,使手摇发电机的转速达到额定转速,测试指针应逐步指向"∞",然后让L、E两接线柱短接,此时指针应迅速指向0,否则兆欧表应进行调整或修理。注意:在摇动手柄时不得让L、E短接时间过长,以免损坏兆欧表。

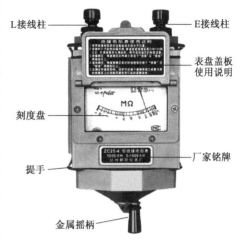

图6.18 兆欧表的接线说明

6.3.3 注意事项

在使用手摇式兆欧表进行绝缘电阻测量时应注意以下几点:

(1)用兆欧表测量绝缘电阻时必须在确认被测物体没有通电的情况下进行。对接有大容量电容的设备,应先进行放电(用带绝缘层的导体将被测物与外壳或地进行短接),然后再进行绝缘电阻测量,测量完毕后,先对被测物体进行放电,然后再停止手柄的摇动。

(2)测量时应匀速摇动兆欧表手柄,使转速达到120r/min左右,持续1min以后读数。在测量过程中切莫用手去触及兆欧表的L、E两端,以免再停止手柄的摇动。

(3)严禁在雷电时或附近有高压导体的设备上测量绝缘电阻。只有在设备不带电又不可能受其他电源感应而带电的情况下才可进行测量。

第7章 导线的连接与照明电路的安装

利用电来发光而作为光源的照明方式称为电气照明。电气照明广泛应用于生产和日常生活中,对电气照明的要求是保证照明设备安全运行,防止人身或火灾事故的发生,提高照明质量,节约用电。照明电路的安装是电气技术人员必须掌握的常规技术,室内照明电路要求正规、合理、整齐、牢固和安全;电气技术人员既能正确安装照明电路,又能做到布局美观合理布线。

7.1　导线的连接与绝缘恢复

电气装配与维修工程中,导线的连接是最基本的工艺之一。导线连接的质量关系着电路和设备运行的可靠性与安全程度。对导线连接的基本要求是:电接触良好,机械强度足够,接头美观,且绝缘恢复正常。

7.1.1　导线的种类

常用导线有铜芯线和铝芯线。铜芯线电阻率小,导电性能较好;铝芯线电阻率比铜导线稍大些,但价格低,也广泛应用。

导线分单股和多股两种,一般截面积在 $6mm^2$ 及以下为单股线;截面积在 $10mm^2$ 及以上为多股线。多股线是由几股或几十股芯线绞合在一起形成一根的,有 7 股、19 股、37 股等。

导线又分软线和硬线,在电气安装中均有使用。人们常说的 BV 线,是铜芯聚氯乙烯绝缘电线的简称,主要用于 500V 以下动力和照明线路的固定敷设。如果后缀加 R,即 BVR,则为软线。在前面如果加 ZR 前缀,如 ZR - BV,则表示该线为铜芯聚氯乙烯绝缘阻燃电线,绝缘料加有阻燃剂,离开明火不自燃。常用的 BV 线颜色有红色、黄色、蓝色、绿色、黑色、白色、双色(黄、绿)、棕色。通常,导线不同的颜色代表不同的用途。例如,主电路常选用红、黄、绿三色代表 UVW 三相,采用绿色导线用作控制回路,黑色导线用来表示 0 号控制回路线。

按照导线的截面积,常用 BV 线型号有 $0.75mm^2$、$1mm^2$、$1.5mm^2$、$2.5mm^2$、$4mm^2$、$6mm^2$、$10mm^2$、$16mm^2$、$25mm^2$ 等。不同的型号,通过电流的能力不一样,可根据电工手册进行选用。

导线还分裸导线和绝缘导线,绝缘导线有电磁线、绝缘电线、电缆等多种。常用绝缘导线在导线芯线外面包有绝缘材料,如橡胶、塑料、棉纱、玻璃丝等。

7.1.2　导线线头绝缘层的剖削

导线线头绝缘层的剖削是导线加工的第一步,为以后导线的连接作准备。电工必须学会用电工刀、钢丝钳或剥线钳来剖削绝缘层。

1. 用钢丝钳剖削塑料硬线绝缘层

去除塑料硬线的绝缘层用剥线钳最为方便,没有剥线钳时,可用钢丝钳和电工刀剖削。

芯线截面为 2.5mm² 及以下的塑料硬线,可用钢丝钳进行剖削:先在线头所需长度交界处,用钢丝钳口轻轻撕破绝缘层表皮,然后左手拉紧导线,右手适当捏住钢丝钳头部,向外用力勒去绝缘层,如图 7.1 所示。在勒去绝缘层时,不可在钳口处加剪切力,这样会伤及芯线,甚至将导线切断。

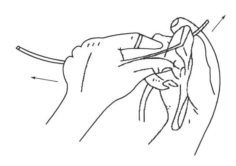

图 7.1　钢丝钳削塑料硬线绝缘层

对于规格大于 4mm² 的塑料硬线的绝缘层,直接用钢丝钳剖削较为困难,可用电工刀剖削,如图 7.2 所示:先根据线头所需长度,用电工刀以 45°角斜切入塑料绝缘层,注意刀口不能伤及芯线,然后刀面与导线保持 15°角左右,向线端推进,只削出上面一层塑料绝缘,不可切入芯线,最后将余下的线头绝缘层向后扳翻,把该绝缘层剥离芯线,再用电工刀切齐。

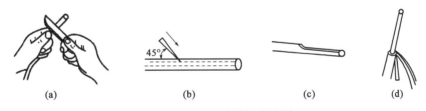

(a)　　　　　　(b)　　　　　　(c)　　　　　　(d)

图 7.2　用电工刀剖削塑料硬线

2. 塑料软线绝缘层的剖削

塑料软线绝缘层用剥线钳或钢丝钳剖削。剖削方法与用钢丝钳剖削塑料硬线绝缘层方法相同。不可用电工刀剖削,因为塑料软线由多股铜丝组成,用电工刀容易损伤芯线。

3. 塑料护套线绝缘层的剖削

塑料护套线绝缘层分为外层的公共护套层和内部每根芯线的绝缘层。公共护套层一般用电工刀剖削,先按线头所需长度,将刀尖对准两股芯线的中缝划开护套层,并将护套层向后扳翻,然后用电工刀齐根切去,如图 7.3 所示。

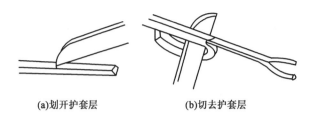

(a)划开护套层   (b)切去护套层

图 7.3   塑料护套线的剖削

切去护套层后,露出的每根芯线绝缘层可用钢丝钳或电工刀按照剖削塑料硬线绝缘层的方法分别除去。钢丝钳或电工刀在切入时切口应在距离护套层 5 ~ 10mm 处。

4. 橡皮线绝缘层的剖削

在橡皮线绝缘层外还有一层纤维编织保护层,先用剖削护套线保护层的方法,用电工刀尖划开纤维编织层,并将其扳翻后齐根切去,再用剖削塑料硬线绝缘层的方法,除去橡胶层。若橡皮绝缘层的芯线上还包缠着棉纱,可将该棉纱层切开,齐根切去。

5. 花线绝缘层的剖削

花线绝缘层分为外层和内层,外层是一层柔韧的棉纱编织层。剖削时先用电工刀在线头所需长度处切割一圈拉去,然后在距离棉纱编织层 10mm 左右出用钢丝钳按照剖削塑料软线的方法将内层的橡皮绝缘层勒去。有的花线在紧贴芯线处还包缠有棉纱层,在勒去橡皮绝缘层后,再将棉纱层松开,用电工刀齐根切去。

7.1.3   铜芯线接头的连接

当导线长度不够或需要分接支路时,需要将导线与导线连接,在去除了线头的绝缘层后,就可进行导线的连接。

导线的接头是线路的薄弱环节,导线的连接质量关系线路和电气设备运行的可靠性与安全程度。导线线头的连接处要有良好的电接触、足够的机械强度、耐腐蚀及接头美观。

常用导线按芯线股数不同,有单股、7 股和 19 股等多种规格,其连接方法也各不相同。

1. 单股导线的连接

单股导线的连接有铰接和缠绕两种方法,铰接法用于截面较小的导线,缠绕法用于截面较大的导线。

铰接法是先将已剖除绝缘层并去掉氧化层的两根导线的线头成 X 形相交,互相绞绕 2 ~ 3 圈,然后扳直两线头的自由端,将每根线自由端在对边的芯线上紧密缠绕到芯线直径的 6 ~ 8 倍,将多余的线头用钢丝钳剪去,修理好切口毛刺即可,如图 7.4 所示。

缠绕法是将已去除绝缘层并去掉氧化层的两根导线的线头相对交叠,再用直径为 1.6mm 的裸铜线缠绕在其上,其中线头直径在 5mm 及以下的缠绕长度为 60mm,若直接大于 5mm 的,缠绕长度为 90mm,如图 7.5 所示。

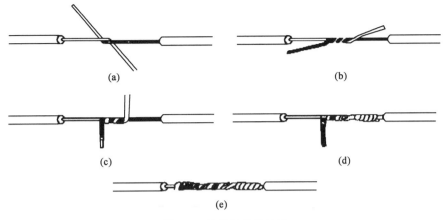

图 7.4 单股导线的铰接

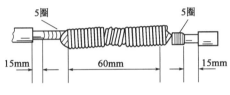

图 7.5 单股导线的缠绕连接

2. 单股铜芯线的连接

单股铜芯线连接时仍可采用铰接法和缠绕法。

铰接法是先将去除绝缘层及氧化层的线头与干线剖削处的芯线十字相交,使支路芯线根部留 3~5mm 裸线,按顺时针方向将支路芯线在干路芯线上紧密缠绕 6~8 圈,用钢丝钳切去余下芯线,并钳平芯线末端及切去毛刺。

对用铰接法连接困难的截面较大的芯线,可用缠绕法,具体方法与单股导线直连的缠绕法相同。也可用如图 7.6 所示的 T 形连接法。

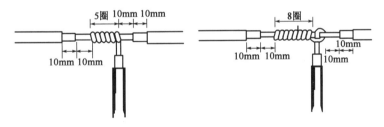

图 7.6 单股铜芯线的 T 形连接

3.7 股铜芯线的直接连接

先将除去绝缘层及氧化层的两根线头分别散外并拉直,在靠近绝缘层的 1/3 芯线处将该段芯线绞紧。把余下的 2/3 线头分散成伞状,把两个分散成伞状的线头隔根对叉。然后放平两端对叉的线头。把一端的 7 股铜芯线按 2、2、3 股分成三组,把第一组的 2 股芯线板起,垂直于线头,然后按顺时针方向紧密缠绕 2 圈,将余下的芯线向右与芯线平行方向板平。第二组、第三组线头仍按第一组的缠绕方法紧密缠绕在芯线上,如图 7.7 所示。

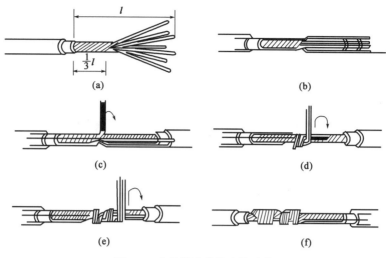

图 7.7　七股铜芯线的直接连接

4.7 股铜芯线的 T 形连接

把除去绝缘层及氧化层的分支芯线散开拉直,在根部将其进一步绞紧,将支路线头按 3 和 4 的根数分成两组并整齐排列。接着用一字型螺钉旋具把干线也分成尽可能对等的两组,并在分出的中缝处撬开一定距离,将支路芯线的一组放在干路芯线前面,另一组穿过干线的中缝。先将前面一组在干线上按顺时针方向缠绕 3~4 圈,剪除多余线头,修整好毛刺,接着将穿越干线的一组支路芯线在干线上按逆时针方向缠绕 3~4 圈,剪去多余线头,钳平毛刺即可,如图 7.8 所示。

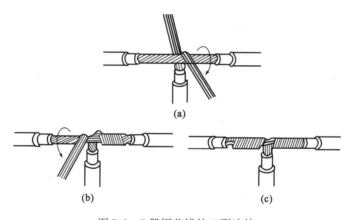

图 7.8　7 股铜芯线的 T 形连接

7.1.4　线头与接线桩的连接

导线与电器或电气设备之间,常用接线桩连接。导线与接线桩的连接,要求接触面紧密,接触电阻小,连接牢固。常用接线桩有针孔式、螺钉平压式和瓦形式。

1. 线头与针孔式接线桩的连接

这种接线桩是靠针孔顶部的压线螺钉压住线头来完成电路连接的,主要用于室内电路中某些仪器、仪表的连接,如熔断器、开关盒某些检测计量仪表等。单股芯线与针孔式接线桩连接时,芯线直径一般小于针孔,最好将线头折成两股并排插入针孔内,使压接螺钉顶紧双股芯线中间。若新鲜较粗也可用单股,但应将芯线线头向针孔方向上方微折一下使压接更加牢固,如图7.9所示。

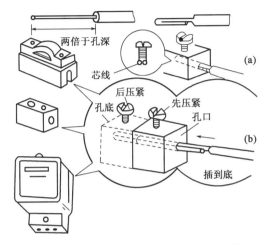

图7.9　单股芯线与针孔式接线桩的连接

多股芯线的连接方法如图7.10所示。将芯线线头绞紧,注意线径与针孔的配合。若线径与针孔相宜,可直接压接,注意孔外不能有铜丝外露,以免发生事故。但在一些特殊场合,应做压扣处理。以7股芯线为例,绝缘层应多剥去一些,芯线线头在绞紧前分三级剪除,2股剪得最短;4股超长,长出单股芯线直径的4倍;最后1股应保留能在4股芯线上缠绕两圈的长度。然后将其多股线头绞紧,并将最长1股绕在端头上作为"压扣",最后再进行压接。

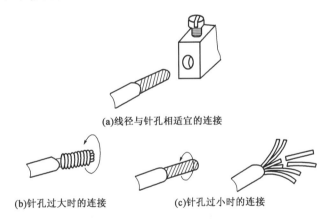

(a)线径与针孔相适宜的连接

(b)针孔过大时的连接　　　(c)针孔过小时的连接

图7.10　多股芯线与针孔式接线桩的连接

若针孔过大,可用一单股芯线在段头上密绕一层,以增大端头直径。若针孔过小,可剪去芯线线头中间几股,一般7股芯线剪去1~2股,19股芯线剪去2~7股,但一般应尽量避免这种情况。

2. 线头与螺钉平压式接线桩的连接

对于较小截面的单股导线,先去除导线的绝缘层,把线头按顺时针方向弯成圆环,圆环的圆心应在导线中心线的延长线上,圆环的内径比压接螺钉外径稍大些。环尾部间隙为1~

2mm,剪去多余芯线、把环钳平整,不扭曲。然后把制成的圆环放在接线桩上,放上垫片,把螺钉旋紧,如图7.11所示。

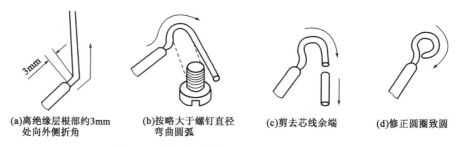

(a)离绝缘层根部约3mm　(b)按略大于螺钉直径　(c)剪去芯线余端　(d)修正圆圈致圆
处向外侧折角　　　　弯曲圆弧

图7.11　单股芯线与螺钉平压式接线桩的连接

对于较大截面的导线,必须在线头装上接线端子,由接线端子与接线桩连接。

对于多股芯与接线桩的连接来说,根据需要长度剥掉绝缘层。将导线一半拧紧,把拧紧部分弯曲成圆弧。将松散线头分为2股、2股、3股,分别将三组线头绕紧主线,如图7.12所示。

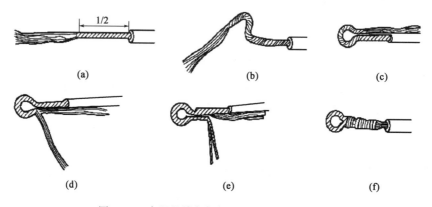

(a)　　　　　　　(b)　　　　　　　(c)

(d)　　　　　　　(e)　　　　　　　(f)

图7.12　多股芯线与螺钉平压式接线桩的连接

7.1.5　导线绝缘层的恢复

导线绝缘层破损或导线连接后都要恢复绝缘,恢复后的绝缘强度不应低于原有的绝缘层。恢复绝缘层的材料一般用黄蜡带、涤纶薄膜带、塑料带和黑胶带等。黄蜡带或黑胶带通常选用带宽20mm。这样包缠较方便,如图7.13所示。

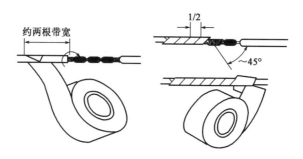

约两根带宽　　　　　　1/2

~45°

图7.13　绝缘带包缠方法

做绝缘恢复时,先用绝缘带从离切口两根带宽(约40mm)处的绝缘层上开始包缠。缠绕时采用斜叠法,绝缘带与导线保持约55°的倾斜角,每圈压叠带宽的1/2。包缠完第一层绝缘带后,要从绝缘带尾端再反方向包缠一层,其方法与第一层相同,以保证绝缘层恢复好的绝缘性能。

7.2 照明电路基本知识

7.2.1 电能表

电能表又称电度表、火表,用来对用电设备进行电能测量,是组成低压配电盘或配电箱的主要电气设备,它有单相电能表和三相电能表两种,如图7.14所示。

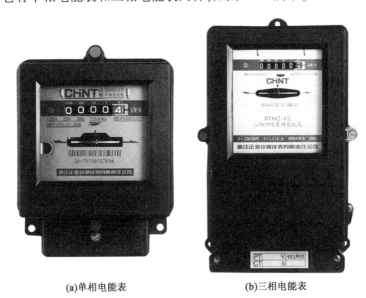

(a)单相电能表　　　　(b)三相电能表

图7.14　单相电能表和三相电能表

单相电能表主要由励磁部分、阻尼部分、走字机构和基座等部分组成。励磁部分由电流线圈和电压线圈组成,电流线圈串联在电路中,电压线圈并联在电路中。阻尼部分由永久磁铁组成,用于避免铝盘因惯性作用而越走越快,以及负荷消除后阻止铝盘继续旋转。走字机构由铝盘、轴、齿轮和计数器等组成。基座由底座、罩盖和接线柱等组成。

单相电能表共有四个接线柱,从左到右按1、2、3、4编号。单相电能表接线柱1、3接电源进线(1为相线进,3为中性线进),接线柱2、4接出线(2为相线出,4为中性线出)。接线方法如图7.15所示。但也有单相电能表接线为:按号码接线,1、2为电源进线,3、4接出线。所以采用何种接法,应参照电能表接线盖子上的接线图。

单相电能表一般应安装在配电盘的左边或上方,而开关应安装在右边或下方,安装时应注意电能表与地面必须垂直,否则将会影响电能表计量的准确性,负荷电流超过电能表的额定电流时应装电流互感器,其实际用电量为电能表读数乘以电流互感器电流比。

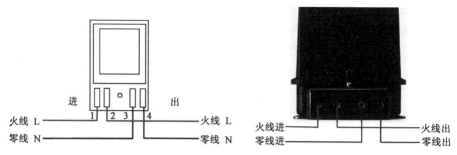

图 7.15 单相电能表的接线图

7.2.2 照明附件

常用照明附件包括灯座、开关和插座等器件。

1. 灯座

灯座是用来固定灯的位置和使灯触点与电源相连接的器件。从装置方式上分为卡口式和螺口式两种；从灯座外壳材料上分为陶瓷、塑料、电木和金属材料四种。通常用的灯座(如E27)是最普遍的螺口灯座，如图7.16所示。

图 7.16 E27 常用螺口灯座

(1)螺口灯座的安装。用一字螺丝刀分别撬开灯座下端的三处翘口，如图7.17(a)所示，再撬开灯座上端的两处撬口，如图7.17(b)所示，打开外壳，按图7.17(c)所示连接灯座。另外，在安装灯座时，电源进线连接的两个线头，电气接触应良好，还要分别用黑胶布包好并保持一定的距离，尽量不将两线头放在同一块金属片下，避免短路。

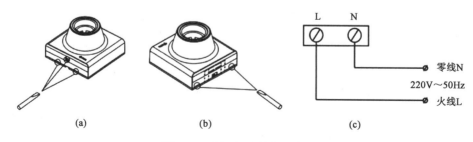

图 7.17 螺口灯座接线示意图

（2）灯座接线安装注意事项。①先确认安装的灯座是否完好,有没有漏电现象,螺口灯座的结构对防漏电措施相对较少,一定要确认灯座是完好的。②灯座的导线的最小截面应符合国家规定的最小截面面积,否则容易导致灯座的烧毁。

2. 开关

开关的作用是在照明电路中接通或断开照明灯具的器件。开关不能安装在零线上,必须安装在灯具电源侧的相线上,确保开关断开时灯具不带电。

开关按安装方式分为明装和暗装两种方式;按其结构分单联单控开关、单联双控开关、双联开关和旋转开关等。

1)单联单控开关的安装

一个面板上只有一个按钮键,称为单联;有一对接线端,分别接进线和出线,称为单控;常用的单联单控开关型号有 86 型(边长 86mm)、10A。

开关明装时用一字螺丝刀将面框拆下,按照图 7.18 将电源线和负载线连接到相应端子上,电源线横截面积 $1.5 \sim 4\text{mm}^2$,导线的剥线长度为 $9 \sim 11\text{mm}$;用一字螺丝刀将开关按钮撬下,露出固定架的固定孔,将固定架装入导轨用螺钉固定,将按钮扣回原处,再将面框扣回就可,安装步骤参考图 7.19。

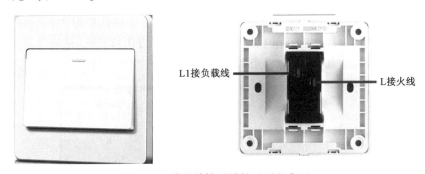

图 7.18 单联单控开关的正面和背面

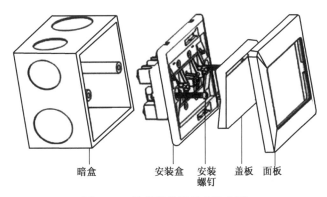

图 7.19 单联单控开关安装步骤

注意:接线时,开关应接在相线上,这样在开关断开后,灯头不会带电,从而保证了使用和维修的安全。

2)单联双控开关的安装

单联双控开关一般用于在两处用两只双控开关控制一盏灯,这种形式通常用于楼上楼下或走廊的两端均可控制照明灯的接通和断开。电路既不是两个单控开关的串联,也不是两个单控开关的并联,而是两个双控开关的组合应用。

单联双控开关有两对触点,一对常开,一对常闭;公用动触点,故有三个接线端,如图7.20所示。其安装方法与单联单控开关类似,但其接线较复杂。

图7.20　单联双控开关的正面和背面

3.插座

插座的作用是为各种可移动用电器提供电源的器件。插座的种类很多,其安装位置可分为明插座和暗插座;按电源相数分为单相插座和三相插座;按插孔数分为两孔插座和三孔插座。目前新型的多用组合插座或接线板更是品种繁多,将两孔与三孔、插座与开关、开关与安全保护等合理地组合在一起,既安全又美观,常用电源插座如图7.21所示。

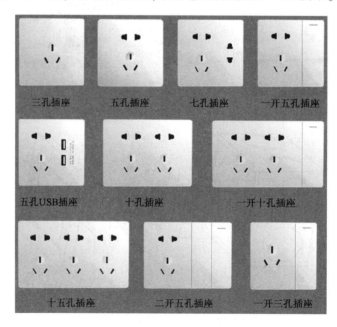

图7.21　常用电源插座

两孔插座接线时注意:栓孔插座水平排列时,左孔接零线 N,右孔接相线 L(左零右火),垂直排列时,上孔接相线 L,下孔接零线 N(上火下零)。三孔插座接线时注意:左孔接零线 N,右孔接火线 L,上孔接地线 PE,如图7.22所示。

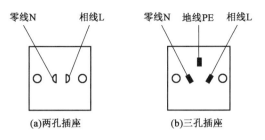

图 7.22　普通单相两孔插座和三孔插座

4.发光元件

1)白炽灯

白炽灯为热辐射光源,它是将灯丝通电加热到白炽状态,利用热辐射发出可见光的电光源。自 1879 年美国发明家托马斯·阿尔瓦·爱迪生制成了碳化纤维(即碳丝)白炽灯以来,经人们对灯丝材料、灯丝结构、充填气体的不断改进,白炽灯的发光效率也相应提高。1959年,美国在白炽灯的基础上发展了体积和衰光极小的卤钨灯。白炽灯的发展趋势主要是研制节能型灯泡。不同用途和要求的白炽灯,其结构和部件不尽相同。白炽灯的光效虽低,但光色和集光性能很好,是产量最大、应用最广泛的电光源。

白炽灯有普通照明灯泡和低压照明灯泡两种。普通灯泡额定电压一般为 220V,功率为10 ~ 1000W,灯头有卡口和螺口之分,其中 100W 以上一般采用瓷质螺纹灯口,用于常规照明。低压灯泡额定电压为 6 ~ 36V,功率一般不超过 100W,用于局部照明和携带照明,实验室用40W 灯泡。

白炽灯由玻璃泡壳、灯丝、玻璃支架、引线等组成,如图 7.23 所示。在非充气式灯泡中,玻璃泡内抽成真空;而在充气式灯泡中,玻璃泡内抽成真空后再充入惰性气体。

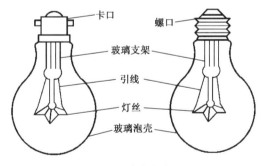

图 7.23　白炽灯灯泡

白炽灯照明电路由负荷、开关、导线和电源组成。安装方式一般为悬挂式、壁式和吸顶式。

2)日光灯

日光灯又称荧光灯,靠汞蒸气放电时辐射的紫外线去激发灯管内壁的荧光物质,使之发出可见光。日光灯主要由灯管、镇流器和启辉器三个部分组成。其照明线路与白炽灯照明线路同样具有结构简单、使用方便等特点,而且荧光灯还有光色好、发光效率高、寿命长、耗电量低等优点,因此,在电气照明中被广泛采用。

日光灯灯管是一根玻璃管,其内壁涂有荧光粉,管内充有氩、氖、氖等惰性气体和汞蒸气,两端有灯丝,灯丝上涂有一种或多种耐热的碳酸盐电子粉成为氧化物阴极,以供热电子发射,如图7.24所示。

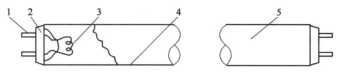

图7.24　日光灯灯管

1—插脚;2—铝帽;3—灯丝;4—荧光粉膜;5—汞蒸气

镇流器是一个具有铁芯的电感线圈。在日光灯启动时,由它产生很大的感应电动势使管灯点燃,在灯管正常工作后起限制电流的作用。

启辉器是一个充有氖气的玻璃泡,如图7.25所示。其内部装有两个触片,一个是不动的静触片,一个是用热膨胀系数不同的双金属片制成的动触片。它在电路中使日光灯自动点亮,起自动开关作用。

图7.25　各种型号的启辉器

在照明电路中,为了方便替换,有时把电子镇流器和启辉器放入灯头,故而一体化的日光灯只需旋入灯座接入电源使用。

7.2.3　其他常用配件

电工实训中常用到的其他配件有U形安装导轨、自攻螺钉、卡扣和终端固定件等,如图7.26所示。

在电工实训项目开展时,首先,应先将导轨放置在网孔板上,预摆放,以确定固定孔位置,再将蓝色或透明色卡扣按压固定在网孔板上,注意,U形槽面向上;然后将U形安装导轨放置在蓝色卡扣上,找准孔位,用自攻螺钉将导轨固定在蓝色卡扣或透明卡扣上。安装时,旋螺钉应先旋八分紧,再调平U形安装导轨,最后旋紧螺钉。自攻螺钉挤压卡扣,也使得卡扣与网孔板固定结实。

U形安装导轨的使用,是为了方便器件的安装与拆卸。有些器件,在上卡槽位有弹性结构(图7.27),有些在下卡槽有弹性结构。安装器件时,器件应正向放置。先将器件的上边缘卡槽扣入U形导轨的上边缘。器件的下边缘可以直接按压,扣入U形安装导轨。这样,器件就

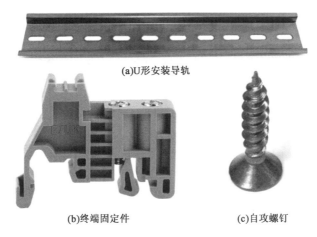

(a)U形安装导轨

(b)终端固定件   (c)自攻螺钉

图7.26   电工实训台常用配件

锁在了U形安装导轨上。取器件时,一些器件可以使用螺丝刀或其他工具,拉动器件下方的弹簧卡扣,器件即可脱离U形安装导轨。有些上卡槽设有弹性结构的,可以将器件向下拉动,再抬起,脱离U形安装导轨。

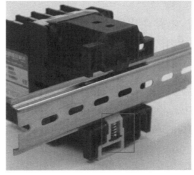

图7.27   电气器件上卡槽位的弹性结构

将器件安装在导轨上,但器件仍然可以延导轨往两边活动。对于有运动机构的部件或者工作在振动环境,器件容易松动,造成隐患。所以,在器件的两侧,使用端子固定件,限制器件延导轨方向的运动,如图7.28所示。

图7.28   导轨两端使用端子固定件

端子固定件的固定方式与器件类似。固定件由螺钉和一个塑料的固定装置组成,这种结构可以很好地贴和导轨并且在螺钉拧紧之后可以牢牢抓住导轨,使得端子在导轨上可以得到足够大的压力不会左右滑动。使用时,先松开螺钉,放置扣住 U 形安装导轨后,紧固螺钉即可。最后,安装完器件后,应适当晃动器件,判断安装是否紧固。

另外,导线在接入器件前,应套入线标。

7.3　照明电路的安装

照明电路是日常生活和学习中接触最多、最频繁的电路;照明电路的安装是电气技术人员必须掌握的常规技术,家庭、教室、办公和其他场所等需要临时照明时,电气技术人员应能根据需要快速、合理、牢固和安全地安装照明电路。

7.3.1　简单照明电路

1.电路组成与工作原理

电路组成:电路由电源、导线、开关、灯具(负载)组成。导线分为相线(火线)L 和中性线(零线)N。开关用于联通或切断电源,此处为单联单控开关;灯具用来照明的电路负载,一般安装在灯座上,白炽灯与开关串联。

工作原理:白炽灯的通断由单联单控开关控制,当开关闭合时,电路导通,白炽灯发光;当开关打开时,电路断开,白炽灯不发光,如图 7.29 所示。

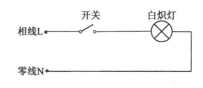

图 7.29　简单照明电路工作原理图

2.电路安装

(1)先准备导线,根据电路图和实物的对应关系选择长度合适的导线,把它拉直。这个拉直可以用搓、擀、拉等方法,然后将导线弯成合适的形状。

(2)线准备好后,用剥线钳拨去外层绝缘。估计好位置之后进行布线,这个布线要遵循横平竖直、拐弯成直角的原则。然后旋松端子上的螺钉,把导线的金属部分放进去,再旋紧螺钉。这个接触点就装好了。注意:放入导线的时候,既要保证金属部分和螺钉接触好,但是又不能让螺钉压到导线的绝缘上。另外,为了保证安全,防止触电,在端子排外侧也不能露出导线的金属部分。

(3)BV 导线(单股铜芯塑料绝缘线)颜色要求:一般火线 L(相线)用黄色、绿色、红色;中性线 N(零线)用蓝色、黑色;PE(接地线)用黄、绿双色。

(4)照明开关必须串接于电源相线上,保证断开时负载不带电,相线从静触点 L 端入,动触点 L1 端接负载。图 7.30 为单联单控照明电路中的开关接法。

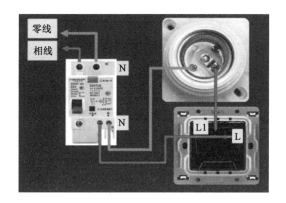

图 7.30　单联单控照明电路实物连接图

3. 其他简单照明电路

单个开关控制并联电路,多盏灯同时亮灭,如图 7.31 所示。它要求灯具额定电压相等,且并联灯具数量有限定,总电流不能超过开关额定电流。

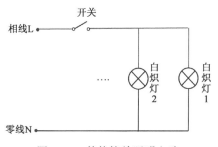

图 7.31　其他简单照明电路

7.3.2 两地控制照明电路

1. 电路组成及工作原理

电路组成:电路由导线、双控开关 S1 和 S2、白炽灯组成。双控开关可以在甲地或者乙地同时控制白炽灯的亮和灭。双控开关 S1、S2 以串联方式接入相线中,一个开关 S1 动触点 L 接电源相线,另一个开关 S2 的动触点 L 接负载灯具;开关 S1、S2 的静触点 L1、L2 分半连接。

工作原理:如图 7.32 所示,此时,甲乙两地,电路不通,灯不亮;当甲地扳动 S1,L 连 L1 下方支路联通,灯亮;乙地扳动 S2,L 连 L2 下方支路断开,灯灭;如果甲地再次扳动 S1,L 连 L2 上方支路联通,灯亮。

2. 电路安装

当电路所用器件包括电能表、单相断路器、双控开关和白炽灯灯泡按照要求布置到电工实训台的网孔板上后,就可以按图 7.33 所示两地控制照明电路电气接线图进行安装。

电能表接线:电源从 1、3 进,从 2、4 出,注意电能表的 5 孔和 1 孔的连线必须要接牢,否则电能表不能计量。

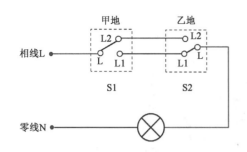

图 7.32　两地控制照明电路工作原理图

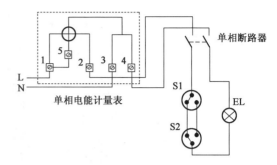

图 7.33　两地控制照明电路电气接线图

单相电源经断路器送入,按标识接线,一般先接零线后接相线。

白炽灯接线:螺口灯在接线时,相线应接在与中心簧片相连的接线柱上,不能接在与螺纹相连的接线柱上,防止检修时安全事故的发生。

开关接线:双控开关 S1、S2 以串联方式接入相线中,一个开关 S1 动触点 L 接电源相线,另一个开关 S2 的动触点 L 接负载白炽灯。

3.电路检查

(1)电路装接完好之后要检查线路。这个检查是在不通电的情况下进行的,主要还是依赖万用表来看看电路的功能是不是实现了。不带电的时候,这个电路的功能,就要靠电路在接通和断开两种情况下的电阻来反映。

(2)电路负载是白炽灯,因而电路的工作状态可以通过白炽灯电阻值的变化检测出来。把万用表拨到 2k 欧挡。把表笔置于电源端,由于现在电路里的开关都是断开的,是开路的状态,所以万用表的示数是 1,表示电阻无穷大。现在看是否能通过闭合开关来接通负载,这个时候电路是有载工作状态。闭合开关 k,我们看到万用表的读数显示白炽灯的阻值;再关断 k,读数又变为无穷大。这就说明支路一能够实现有载和开路这两个工作状态,而且没有短路。

(3)检查无误后,可以合上配电开关,而后合上灯开关为电路供电。

4.常见事故分析

两地控制照明电路常见的事故现象和产生的可能原因,以及相应的处理方法见表 7.1。

表 7.1　白炽灯照明电路常见事故分析表

故 障 现 象	产生故障的可能原因	处 理 方 法
灯泡不发光	(1)灯丝断裂; (2)灯座或开关接点接触不良; (3)熔丝烧断; (4)电路开路	(1)更换灯泡; (2)把接触不良的触点修复,无法修复时,应更换完好的; (3)修复熔丝; (4)修复线路
灯泡发光强烈	灯丝局部短路(俗称搭丝)	更换灯泡
灯光忽亮忽暗或时亮时熄	(1)灯座或开关触点(或接线)松动,或表面存在氧化层(铝质导线、触点易出现); (2)电源电压波动(通常由附近大容量负载经常起动引起); (3)熔丝接触不良; (4)导线连接不妥,连接处松散	(1)修复松动的触头或接线,去除氧化层后重新接线,或去除触点的氧化层; (2)更换配电变压器,增加容量; (3)重新安装,或加固压接螺钉; (4)重新连接导线

故障现象	产生故障的可能原因	处理方法
灯光暗红	(1)灯座、开关或导线对地严重漏电; (2)灯座、开关接触不良,或导线连接处接触电阻增加; (3)线路导线太长太细、电压降太大	(1)更换完好的灯座、开关或导线修复接触不良的触点,重新连接接头; (2)缩短线路长度,或更换较大截面的导线

7.3.3 日光灯照明电路

1.电路组成与工作原理

电路组成:主要由灯管、启辉器、启辉器座、镇流器、灯座、灯架等组成,如图 7.34 所示。

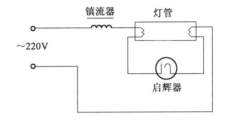

图 7.34 日光灯电路工作原理

工作原理:刚接通电源时,电源电压全部加到启辉器的两个触片之间,启辉器里的氖气被电离产生生辉光放电,双金属片受热伸直与静触片接触,于是灯管中的灯丝流过较大的电流,灯丝被加热而发射电子,同时启辉器内因两个触片的接触而停止辉光放电,双金属片的动触片冷却与静触片分开。在两触片分开瞬间,电感线圈(镇流器)因电路突然断开而产生很高的感应电动势,它和电源电压叠加后作用在灯管两端,使管内水银气体电离发生弧光放电,弧光放电所放射的紫外线使灯管内壁的荧光粉激发,发出可见光,日光灯被点亮。

2.电路安装

按图 7.35 所示,依次在实训台上对电能表、单相断路器、镇流器、单控开关、日光灯和启辉器进行连线。

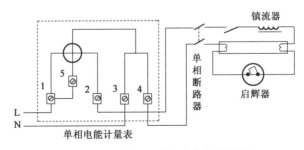

图 7.35 日光灯照明电路电气接线图

电能表、单相断路器等的连线与上述白炽灯的连线相同,注意启辉器并联在日光灯的两端。

3. 电路检查

先进行线路外观检查,检查电能表、电气元件安装是否牢固,有无歪斜松动等现象。而后检查线路,首先看启辉器,它在不通电的情况下应该都是断开的状态。其次,由于用的是电感镇流器,因此用万用表可以测量出电感线圈的电阻值,如果没有阻值,或说阻值是无穷大,那这个镇流器就坏了,内部是短路或开路。最后是日光灯,它有四个管脚,一边两个,一端的两个脚之间都有一个小电阻。因此,测量得到两边都有一个小电阻就是好的。只要有一端测不出来,这个灯管就是坏的,不能用了。

其他元器件的检查同白炽灯电路。

4. 常见事故分析

日光灯照明电路常见的事故现象和产生的可能原因,以及相应的处理方法见表7.2。

表 7.2 日光灯照明电路常见事故分析表

故 障 现 象	产生故障的可能原因	处 理 方 法
日光灯管不能发光	(1)灯座或启辉器底座接触不良; (2)灯管漏气或灯丝断; (3)镇流器线圈断路; (4)电源电压过低; (5)新装日光灯接线错误	(1)转动灯管,使灯管四极和灯座四夹座接触,使启辉器两极与底座二铜片接触,找出原因并修复; (2)用万用表检查或观察荧光粉是否变色,若确认灯管坏,可换新灯管; (3)修理或调换镇流器; (4)不必修理; (5)检查线路并正确接线
日光灯灯光抖动或两头发光	(1)接线错误或灯座灯脚松动; (2)启辉器氖泡内动、静触片不能分开或电容器击穿; (3)镇流器配用规格不合适或接头松动; (4)灯管陈旧,灯丝上电子发射物质即将放尽,放电作用降低; (5)电源电压过低或线路电压降过大	(1)检查线路或修理灯座; (2)将启辉器取下,用两把螺丝刀的金属头分别触及启辉器底座两块铜片,然后相碰,并立即分开,如灯管能跳亮,则判断启辉器已坏,应更换启辉器; (3)调换适当镇流器或加固接头; (4)调换灯管; (5)如有条件应升高电压或加粗导线
灯管两端发黑或生黑斑	(1)灯管陈旧,寿命将终的现象; (2)如为新灯管,可能因启辉器损坏使灯丝发射物质加速挥发; (3)灯管内水银凝结,是灯管常见现象; (4)电源电压太高或镇流器配用不当	(1)调换灯管; (2)调换启辉器; (3)灯管工作后即能蒸发或将灯管旋转180°; (4)调整电源电压或调换适当的镇流器
灯光闪烁或光在管内滚动	(1)新灯管暂时现象; (2)灯管质量不好; (3)镇流器配用规格不符或接线松动; (4)启辉器损坏或接触不好	(1)开用几次或对调灯管两端; (2)换一根灯管试一试有无闪烁; (3)调换合适的镇流器或加固接线; (4)调换启辉器或使启辉器接触良好
灯管寿命短或发光后立即熄灭	(1)镇流器配用规格不合或质量较差,或镇流器内部线圈短路,致使灯管电压过高; (2)受到剧震,使灯丝震断; (3)新装灯管因接线错误将灯管烧坏	(1)调换或修理镇流器; (2)调换安装位置或更换灯管; (3)检修线路

故 障 现 象	产生故障的可能原因	处 理 方 法
镇流器有杂音或电磁声	(1)镇流器质量较差或其铁芯的硅钢片未夹紧; (2)镇流器过载或其内部短路; (3)镇流器受热过度; (4)电源电压过高引起镇流器发出杂音; (5)启辉器不好,引起开启时辉光杂音; (6)镇流器有微弱声音,但影响不大	(1)调换镇流器; (2)调换镇流器; (3)检查受热原因并消除; (4)如有条件设法降压; (5)调换启辉器; (6)是正常现象,可用橡皮垫衬,以减少震动
镇流器过热或冒烟	(1)电源电压过高或容置过低; (2)镇流器内线圈短路; (3)灯管闪烁时间长或使用时间太长	(1)有条件可调低电压或换容量较大的镇流器; (2)调换镇流器; (3)检查闪烁原因或减少连续使用的时间

7.3.4 插座的安装和照明电路布线工艺要求

1. 插座的安装

一般照明电路常用插座均为单相插座,它接单相电源电压为 220V,最常用的为单相两孔和三孔插座。两孔插座安装:栓孔插座水平排列时,左孔接零线 N,右孔接相线 L(左零右火),垂直排列时,上孔接相线 L,下孔接零线 N(上火下零)。三孔插座安装:左孔接零线 N,右孔接火线 L,上孔接地线 PE,如图 7.36 所示。

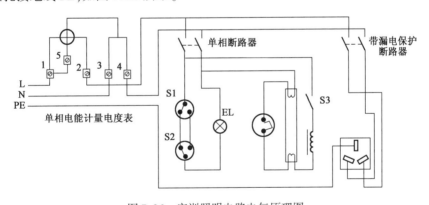

图 7.36　实训照明电路电气原理图

2. 照明电路布线工艺要求

(1)布局。根据电路图,确定各元器件安装的位置,符合要求的情况下,布局合理,结构紧凑控制方便,美观大方。

(2)器件牢固。将选择好的器件和开关底盒固定在电工实训台的网孔板上,排列各个器件时必须整齐。固定的时候,先对角固定,要求可靠并牢固。

(3)布线。先处理好导线,将导线拉直,消除弯折;从上到下,由左到右,先串联后并联;布线要横平竖直,转弯处要弯成直角,少交叉,多根线并拢平行布置。在走线的时候必须注意"左零右火"的原则,即左边接零线,右边接火线。

(4)接线。接头要牢固,不露铜,不压胶,绝缘性能好,外形美观。导线颜色按规定:红色线接电源火线 L,黑色线接零线 N,黄绿双色线专作地线 PE;火线过开关,零线一般不进照明开关底盒。另外,端子接线一般要求小于等于两根。

第8章 常用低压电器与三相异步电动机的控制线路

使用各种有触点电气元件,如接触器、继电器、按钮等组成的控制线路,称为继电接触器控制线路。根据生产机械和工艺条件的具体要求,其控制线路能够实现电力拖动系统的起动、制动、调速、保护和生产过程的自动化。

随着电力拖动自动控制要求的不断提高,现代电力拖动系统中大量应用了许多新的电力电子器件,这些电力电子器件与继电接触器控制相配合,可以大大提高电力拖动的控制质量。但由于继电接触器控制系统具有结构简单、安装维修方便、通断能力强、投资省等优点,因此,继电接触器控制仍是目前广泛应用的基本控制方式。

本章主要以电动机为控制对象,介绍继电接触器控制系统的基本原理和控制线路。

8.1 三相异步电动机

电动机的作用是将电能转换为机械能。现代各种生产机械都广泛应用电动机来驱动。电动机可分为交流电动机和直流电动机两大类。交流电动机又分为异步电动机(或称感应电动机)和同步电动机。在生产上主要用的是交流电动机,特别是三相异步电动机,它被广泛地用来驱动各种金属切削机床、起重机、锻压机、传送带、铸造机械、功率不大的通风机及水泵等。本节主要讨论三相异步电动机。

8.1.1 三相异步电动机的构造

三相异步电动机分成两个基本部分:定子(固定部分)和转子(旋转部分)。图8.1是三相异步电动机的构造。

三相异步电动机的定子由机座和装在机座内的圆筒形定子铁芯以及其中的定子绕组组成。机座是用铸铁或铸钢制成的,定子铁芯是由互相绝缘的硅钢片叠成的。定子铁芯的内圆周表面冲有槽(图8.2),用以放置对称三相绕组 U_1U_2、V_1V_2、W_1W_2,有的连接成星形,有的连接成三角形。

三相异步电动机的转子根据构造上的不同分为两种形式:笼型异步电动机和绕线型异步电动机。转子铁芯是圆柱状,也用硅钢片叠成,表面冲有槽,如图8.3所示。铁芯装在转轴上,轴上加机械负载。

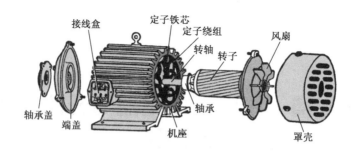

图 8.1　三相异步电动机的构造

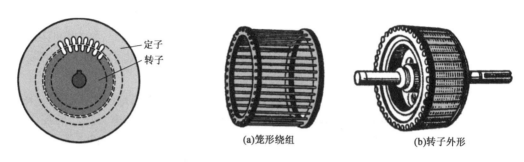

图 8.2　定子和转子的铁芯

图 8.3　笼型转子

　　笼型的转子绕组做成鼠笼状,就是在转子铁芯的槽中放铜条,其两端用端环连接如图 8.3 所示;或者在槽中浇铸铝液,铸成一鼠笼,如图 8.4 所示,这样就可以用比较便宜的铝来代替铜,同时制造也快。因此,目前中小型笼型电动机的转子很多是铸铝的。笼型异步电动机的"鼠笼"是它的构造特点,易于识别。

　　绕线型异步电动机的构造如图 8.5 所示,它的转子绕组同定子绕组一样,也是三相的,连成星形。每相的始端连接在三个铜质的滑环上,滑环固定在转轴上。环与环、环与转轴都互相绝缘。在环上用弹簧压着碳质电刷,起动电阻和调速电阻都是借助于电刷同滑环及转子绕组连接的。通常就是根据绕线型异步电动机具有三个滑环的构造特点来辨认它的。

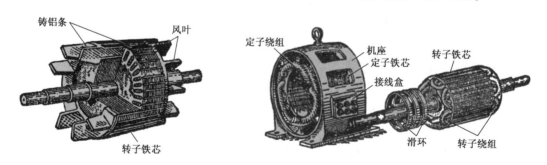

图 8.4　铸铝的笼型转子

图 8.5　绕线型异步电动机的构造

　　笼型异步电动机与绕线型异步电动机只是在转子的构造上不同,它们的工作原理是一样的。

　　笼型异步电动机由于构造简单,价格低廉,工作可靠,使用方便,成为生产上应用的最广泛的一种电动机。

8.1.2　三相异步电动机的工作原理

三相异步电动机接上电源,就会转动。这是什么道理呢? 为了说明这个转动原理,先来做个演示。

如图8.6所示是一个装有手柄的蹄形磁铁,磁铁间房有一个可以自由转动的、由铜条组成的转子。铜条两端分别用铜环连接起来,形似鼠笼,作为笼型转子。磁极和转子之间没有机械联系。当摇动磁极时,发现转子跟着磁极一起转动。摇得快,转子转得也快;摇得慢,转子转得也慢;反摇,转子马上反转。

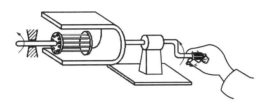

图8.6　异步电动机转子转动的演示

从这一演示得出两点启示:第一,有一个旋转的磁场;第二,转子跟着磁场转动。异步电动机转子转动的原理是与上述演示相似的。那么,在三相异步电动机中,磁场从何而来,又怎么还会旋转呢? 下面就首先来讨论这个问题。

1. 旋转磁场

1）旋转磁场的产生

三相异步电动机的定子铁芯中放有三相对称绕组 U_1U_2、V_1V_2 和 W_1W_2。设将三相绕组连接成星形,接在三相电源上,如图8.7(a)所示,绕组中便通入三相对称电流,如式(8.1)所示。其波形如图8.7(b)所示。取绕组始端到末端的方向作为电流的参考方向。在电流的正半周时,其值为正,其实际方向与参考方向一致;在负半周时,其值为负,其实际方向与参考方向相反。

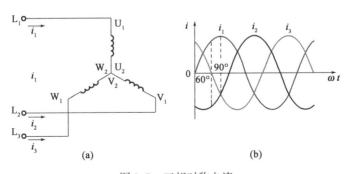

图8.7　三相对称电流

$$
\left.
\begin{aligned}
i_1 &= I_m\sin(\omega t) \\
i_2 &= I_m\sin(\omega t - 120°) \\
i_3 &= I_m\sin(\omega t + 120°)
\end{aligned}
\right\}
\qquad (8.1)
$$

在 $\omega t = 0°$ 的瞬间,定子绕组中的电流参考方向如图 8.8(a) 所示,这时 $i_1 = 0$;i_2 是负的,其参考方向与实际方向相反,即自 V_2 到 V_1;i_3 是正的,其方向与参考方向相同,即自 W_1 到 W_2。将每相电流所产生的磁场相加,便得出三相电流的合成磁场,合成磁场的方向是自上而下。

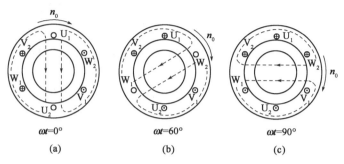

图 8.8　三相电流产生的旋转磁场

如图 8.8(b) 所示的是 $\omega t = 60°$ 时,定子绕组中电流的方向和三相电流的合成磁场的方向。这时的合成磁场已在空间转过了 $60°$。

同理可得在 $\omega t = 90°$ 时的三相电流的合成磁场的方向,它比 $\omega t = 60°$ 时的合成磁场在空间又转过了 $30°$,如图 8.8(c) 所示。

由上可知,当定子绕组中通入三相电流后,它们共同产生的合成磁场随电流的交变而在空间不断地旋转着,这就是旋转磁场。这个旋转磁场同磁极在空间旋转所起的作用是一样的。

2) 旋转磁场的转向

旋转磁场的旋转方向与通入定子绕组三相电流的相序有关,即转向是顺 $i_1 \rightarrow i_2 \rightarrow i_3$ 或 $L_1 \rightarrow L_2 \rightarrow L_3$ 相序的。只要将同三相电源连接的三根导线中的任意两根的一端对调位置,例如将三相定子绕组 V_1 端与火线 L_3 相连,W_1 与火线 L_2 相连,则旋转磁场就反转了,如图 8.9 所示。分析方法与前相同。

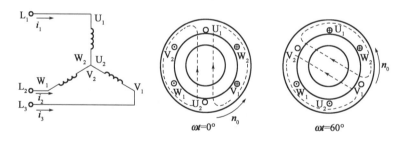

图 8.9　旋转磁场的反转

3) 旋转磁场的极数

三相异步电动机的极数就是旋转磁场的极数。旋转磁场的极数和三相绕组的安排有关。在图 8.8 的情况下,每相绕组只有一个线圈,绕组的始端之间相差 $120°$ 空间角,则产生的旋转磁场具有一对极,即 $p = 1$(p 是磁极对数)。如将定子绕组安排得如图 8.10 那样,即每相绕组有两个线圈串联,绕组的始端之间相差 $60°$ 空间角,则产生的旋转磁场具有两对极,即 $p = 2$,如图 8.11 所示。

同理,如果要产生三对极,即 $p = 3$ 的旋转磁场,即每相绕组必须有均匀安排在空间的串联的三个线圈,绕组的始端之间相差 $40°$($= 120°/p$)的空间角。

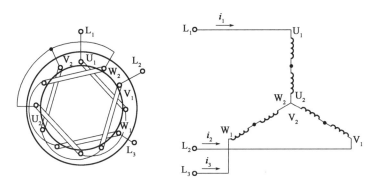

图 8.10　产生四级旋转磁场的定子绕组

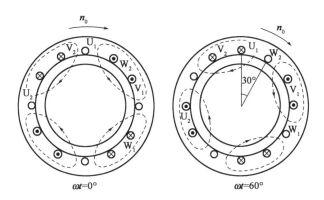

图 8.11　三相电流产生的旋转磁场($p=2$)

4)旋转磁场的转速

至于三相异步电动机的转速,它与旋转磁场的转速有关,而旋转磁场的转速决定于磁场的极数。在一对极的情况下,当电流从 $\omega t=0°$ 到 $\omega t=60°$ 经历了 $60°$ 时,磁场在空间也旋转了 $40°$。电流交变了一次(一个周期),磁场恰好在空间旋转了一转。设电流的频率为 f_1,即电流每秒钟交变 f_1 次或每分钟交变 $60f_1$ 次,则旋转磁场的转速为 $n_0=60f_1$,转速的单位为 r/min。

在旋转磁场具有两对极($p=2$)的情况下,可以证明当电流交变了一次时,磁场在空间仅旋转了半转,比 $p=1$ 情况下转速慢了一半,即 $n_0=60f_1/2$。

由此推知,当旋转磁场具有 p 对极时,磁场的转速为 $n_0=\dfrac{60f_1}{p}$。

因此,旋转磁场的转速决定于电流频率和磁场的极对数 p,而后者又决定于三相绕组的安排情况。对某一异步电动机而言,p 通常是一定的,所以磁场转速是个常数。

在我国,工频 $f_1=50\text{Hz}$,于是可得出对应于不同磁极对数 p 的旋转磁场转速,见表 8.1。

表 8.1　工频下不同磁极对数与旋转磁场转速的对应关系

p	1	2	3	4	5	6
n_0,r/min	3000	1500	1000	750	600	500

2.电动机的转动原理

图 8.12 是三相异步电动机转子转动的原理图,图中 N、S 表示两极旋转磁场,转子中只示出两根导条(铜或铝)。当旋转磁场向顺时针方向旋转时,其磁通切割转子导条,导条中就感

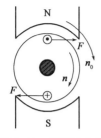

图 8.12 转子转动的
原理图

应出电动势。电动势的方向由右手定则确定。在这里应用右手定则时,可假设磁极不动,而转子导条向逆时针方向旋转切割磁通,这与实际上磁极顺时针方向旋转时磁通切割转子导条是相当的。

在电动势的作用下,闭合的导条中就有电流,这电流与旋转磁场相互作用,而使转子导条受到电磁力 F。电磁力的方向可应用左手定则来确定。由电磁力产生电磁转矩,转子就转动起来。由图 8.12 可见,转子转动的方向和磁极旋转的方向相同。当旋转磁场反转时,电动机也就跟着反转。

3. 转差率

由图 8.12 可见,电动机转子转动的方向与磁场旋转的方向相同,但转子的转速 n 不可能达到与旋转磁场的转速 n_0 相等,即 $n < n_0$。因为,如果两者相等,则转子与旋转磁场之间就没有相对运动,因而磁通就不切割转子导条,转子电动势、转子电流以及转矩也就都不存在。这样,转子就不可能继续以 n_0 的转速转动。因此,转子转速与磁场转速之间必须要有差别。这就是异步电动机名称的由来。而旋转磁场的转速 n_0 常称为同步转速。

用转差率 s 来表示转子转速 n 与磁场转速 n_0 相差的程度,即

$$s = \frac{n_0 - n}{n_0} \qquad (8.2)$$

转差率是异步电动机的一个重要的物理量。转子转速越接近磁场转速,转差率越小。由于三相异步电动机的额定转速与同步转速相近,所以它的转差率很小。通常异步电动机在额定负载时的转差率为 1% ~ 9%。

当 $n = 0$ 时(起动初始瞬间),$s = 1$,这时转差率最大。

式(8.2)也可写为 $n = (1 - s)n_0$。

8.1.3 三相异步电动机的铭牌数据

每台电动机的机座上都装有一块铭牌。铭牌上标注有该电动机的主要性能和技术数据。要正确使用电动机,必须要看懂铭牌。现在以图 8.13 的铭牌为例,说明铭牌上各个参数的意义。

三相异步电动机			
型号 Y112M-4		编号	
4.0 KW		8.8 A	
380 V	1440 r/min	LW	82dB
接法 △	防护等级 IP44	50Hz	45kg
标准编号	工作制 SI	B级绝缘	2000年8月
中原电机厂			

图 8.13 某三相异步电动机铭牌

1. 型号

根据不同用途和不同工作环境的需要,电动机制造厂把电动机制成各种系列,每个系列的

不同电动机用不同的型号表示。如 Y112M – 4 中"Y"表示 Y 系列鼠笼式异步电动机(YR 表示绕线式异步电动机),"112"表示电动机的中心高为 112mm,"M"表示中机座(L 表示长机座,S 表示短机座),"4"表示磁极数,4 极电动机。

有些电动机型号在机座代号后面还有一位数字,代表铁芯号,如 Y132S2 – 2 型号中最后面"2",表示 2 号铁芯长(1 为 1 号铁芯长)。

2. 接法

接法表示电动机在额定电压下,电动机三相定子绕组的连接方式。一般鼠笼式电动机的接线盒中有六根引出线,标有 U1、V1、W1、U2、V2、W2,其中,U1、V1、W1 是每一相绕组的始端,U2、V2、W2 是每一相绕组的末端。

三相异步电动机的连接方法有两种:星形(Y)连接和三角形(△)连接。通常三相异步电动机功率在 4kW 以下者接成星形;在 4kW(不含)以上者,接成三角形。

当电压不变时,如将星形连接错接为三角形连接,线圈的电压为原线圈的 $\sqrt{3}$ 倍,这样电动机线圈的电流过大而发热,长期过热会让电动机烧掉。如果把三角形连接的电动机改为星形连接,电动机线圈的电压为原线圈的 $1/\sqrt{3}$,电动机的输出功率就会降低。

3. 额定电压

铭牌上所标的电压值是指电动机在额定运行时定子绕组上应加的线电压值。一般规定电动机的电压不应高于或低于额定值的 5%。

必须注意:在低于额定电压下运行时,最大转矩 T_{max} 和起动转矩 T_{st} 会显著地降低,这对电动机的运行是不利的。三相异步电动机的额定电压有 380V、3000V 及 6000V 等多种。

4. 额定电流

铭牌上所标的电流值是指电动机在额定运行时定子绕组的最大线电流允许值。当电动机空载时,转子转速接近于旋转磁场的转速,两者之间相对转速很小,所以转子电流近似为零,这时定子电流几乎全为建立旋转磁场的励磁电流。当输出功率增大时,转子电流和定子电流都随着相应增大。

5. 额定功率与效率

铭牌上所标的功率值是指电动机在规定的环境温度下,在额定运行时电极轴上输出的机械功率值。输出功率与输入功率不等,其差值等于电动机本身的损耗功率,包括铜损、铁损及机械损耗等。效率 η 就是输出功率与输入功率的比值。一般鼠笼式电动机在额定运行时的效率为 72% ~ 93%。

6. 功率因数

因为电动机是电感性负载,定子相电流比相电压滞后一个 ϕ 角,$\cos\phi$ 就是电动机的功率因数。三相异步电动机的功率因数较低,在额定负载时为 0.7 ~ 0.9,而在轻载和空载时更低,空载时只有 0.2 ~ 0.3。选择电动机时应注意其容量,防止"大马拉小车",并力求缩短空载时间。

7. 额定转速

铭牌上所标的转速是指电动机额定运行时的转子转速,单位为 r/min。不同的磁极数对应有不同的转速等级。最常用的是四个级的($n_0 = 1500 \mathrm{r/min}$)。

8. 绝缘等级

绝缘等级是按电动机绕组所用的绝缘材料在使用时容许的极限温度来分级的。极限温度是指电动机绝缘结构中最热点的最高容许温度,见表8.2。

表8.2 绝缘等级与允许温度

绝 缘 等 级	环境温度40℃时的容许温升	极限允许温度
A	65℃	105℃
E	80℃	120℃
B	90℃	130℃

9. 防护等级

防护等级指防止人体接触电动机转动部分、电动机内带电体和防止固体异物进入电动机内的防护等级。

防护标志 IP44 的含义是:IP 指特征字母,为"国际防护"的缩写;44 指 4 级防固体(防止大于 1mm 固体进入电动机),4 级防水(任何方向溅水应无害影响)。

10. LW 值

LW 值指电动机的总噪声等级。LW 值越小表示电动机运行的噪声越低,噪声单位为 dB。

11. 工作制

工作制指电动机的运行方式。一般分为"连续"(代号为 S1)、"短时"(代号为 S2)、"断续"(代号为 S3)。

8.2 常用低压电器

电器是所有电工器械的简称,即根据外界特定的信号和要求自动或手动接通与断开电路,断续或连续地改变电路参数,实现对电路或非电对象的切换、控制、保护、检测和调节的电工器械称为电器。电气控制线路通常是由电气元件组成的。

电力系统的控制电器分为手动控制电器与自动控制电器。手动控制电器动作时必须由操作人员用手动进行控制,电力控制系统中常见的手动控制电器有刀闸开关、组合开关与按钮等。自动控制电器是由电路中的物理量(电、热、力等)变化进行控制的,常用的自动控制电器有接触器、继电器、热继电器与熔断器等。

8.2.1 刀闸开关与组合开关

刀闸开关(简称刀开关)、组合开关都属于低压隔离器,低压隔离器是低压电器中结构比较简单、应用十分广泛的一类手动操作电器。在机床电气控制线路中,常用来作为电源引入开关,也可以用它来直接起动和停止小容量笼型电动机或使电动机正反转,局部照明电路也常用它们来控制。

刀闸开关由定刀座、动刀片及与动刀片相连接的操作手柄组成,当外力推动操作手柄动作时,操作手柄带动动刀片移动到定刀座(或离开定刀座)接通(或切断)电路,三相刀闸开关的电路符号如图8.14所示,刀闸开关的表示字符是Q(或QS)。三相刀闸开关常用作电源隔离开关,也可以用于小容量电动机的直接起动、停止开关。

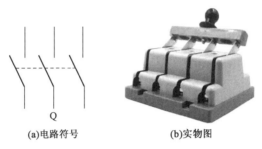

(a)电路符号   (b)实物图

图8.14 三相刀闸开关

组合开关的外面有三对静触点的接线柱,组合开关的操作手柄与三个动触片连接在一起,转动操作手柄就可以同时接通或切断组合开关的三对触点,图8.15所示为组合开关的结构图与电路符号,组合开关的表示字符也是Q(或QS)。组合开关常用作电动机的起动和停止开关,在为电动机控制系统选配组合开关时,组合开关触点的额定工作电流应当与电动机的工作电流一致。

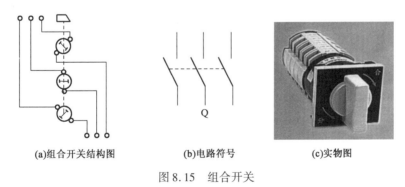

(a)组合开关结构图   (b)电路符号   (c)实物图

图8.15 组合开关

8.2.2 按钮

按钮通常用来接通或断开控制电路(其中电流很小),从而控制电动机或其他电气设备的运行。

在按钮开关的内部,连动杆连接了两对触点,其中在无外力作用时呈现断开状态的触点称为常开触点(或动合触点),而在无外力作用时呈现闭合状态的触点称为常闭触点(或动断触点),按钮开关的电路符号如图8.16所示,按钮开关的表示字符是SB。按钮开关是手动控制开关,当外力施加于按钮开关时,按钮开关的连动杆动作带动常开触点闭合、常闭触点断开;当按钮上施加的外力消失时,按钮开关的连动杆在弹簧的作用下复位,带动常开触点断开、常闭触点闭合。

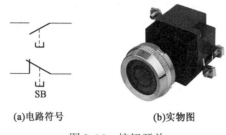

(a)电路符号　　　　　　(b)实物图

图8.16　按钮开关

8.2.3　接触器

接触器常用来接通和断开电动机或其他设备的主电路,每小时可开闭好几百次。接触器是自动控制电器,接触器触点的动作由接触器中的线圈是否通电来控制,按照接触器线圈使用的电源类型,接触器分为交流接触器与直流接触器。接触器由定铁芯、衔铁(动铁芯)、接触器线圈与接触器触点构成,如图8.17(a)所示,接触器的表示字符是KM。当安装在接触器定铁芯上的线圈接通电源后,线圈为定铁芯励磁,定铁芯变成电磁铁吸引衔铁向下移动,与衔铁连接在一起的触点将同时动作,使得常开触点闭合、常闭触点断开。当接触器的线圈断电时,定铁芯中的电磁吸力消失,在复位弹簧的作用下,衔铁向上移动复位,带动接触器的触点恢复为原始状态,即常开触点断开、常闭触点闭合。

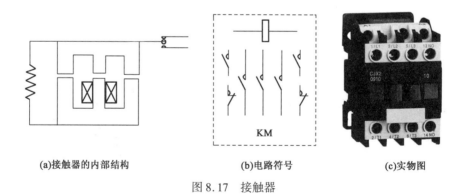

(a)接触器的内部结构　　　　　　(b)电路符号　　　　　　(c)实物图

图8.17　接触器

接触器的衔铁上共连接有7对触点,在接触器线圈通电时,这7对触点将同时动作,如图8.17(b)所示。接触器的7对触点中有3对触点是主触点,主触点的电气强度比较大,允许流过的电流数值也比较大,主触点应用在电动机的主电路中,作为电动机主供电电路的实际控制开关,只有当接触器的3对主触点闭合时,电动机才能接通电源开始工作。接触器还设置有4对辅助触点,其中有两对是常开触点NO(动合触点),两对是常闭触点NC(动断触点),辅助触点的电气强度低于主触点,辅助触点中允许流过的电流数值比较小,辅助触点仅应用于电动机的控制电路,不能应用于电动机的主电路中。在为电动机的控制电路选配接触器时,应注意接触器线圈的额定工作电压及接触器主触点的额定电流。

8.2.4 继电器

继电器与接触器结构相似,工作原理也相同,同样也是由继电器中的线圈是否通电来控制继电器触点的动作,继电器的表示字符是 KA。继电器各个触点的电气强度相同,没有主触点与辅助触点之分,继电器的触点均使用在电动机的控制电路中,不能使用在电动机的主电路中。在为控制系统选配继电器时,应当注意继电器线圈的额定工作电压与继电器的触点对数是否满足设计要求。

热继电器用来保护电动机使其免受长期过载的危害。热继电器是利用电流的热效应而动作的,它的结构中包含有热元件与继电器触点,热继电器的热元件由一段双金属片构成,双金属片微微向下弯曲,下层金属的热膨胀系数大于上层金属的热膨胀系数。热继电器工作时热元件连接在电动机的主电路中,当电动机正常工作时,电动机主电路传输给热元件的热量不会引起热元件动作。当电动机出现过载时,电动机主电路流过的电流数值大于电动机的正常工作电流,主电路的连接线产生过多的热量并传输给热元件,热元件的双金属片受热开始向上弯曲,当双金属片弯曲到一定程度时,热继电器的常闭触点在弹簧的作用下脱扣断开,切断电动机的控制电路,使电动机断电停车,脱扣后的热继电器常闭触点需要手动复位。如图 8.18 所示为热继电器的原理图及电路符号,热继电器的表示字符是 FR。

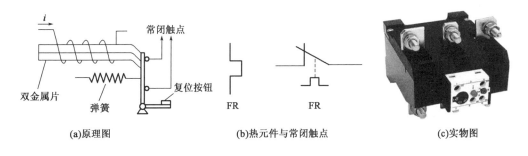

图 8.18　热继电器

热继电器的热元件从受热膨胀到常闭触点脱扣断开需要一定的时间,定义热继电器的工作电流为整定电流,当热元件中流过的电流大于热继电器整定电流的 20% 时,热元件将会在 20min 内动作,切断电动机的控制电路,热继电器的工作方式可以避免电动机较大的起动电流或电动机短时过载造成的不必要停车。在为电动机控制电路选配热继电器时,可以选取热继电器的整定电流与电动机的额定工作电流数值大致相同。

8.2.5 熔断器

熔断器是最简便的而且是有效的短路保护电器。熔断器由熔体与外壳构成,熔断器中的熔体(熔片或熔丝)是易熔合金,当电力系统出现短路故障时,系统短路电流的数值远远大于正常工作电流数值,过大的短路电流会将熔断器中的熔体瞬间熔断,切断电力系统的电源,保护电源不受短路故障的影响。如图 8.19 所示为熔断器的电路符号,熔断器的表示字符是 FU。

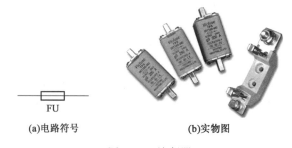

(a)电路符号   (b)实物图

图 8.19　熔断器

熔断器常用于电力系统的短路保护,由于电力系统中电动机的起动电流数值比较大,为了使熔断器在电动机起动时不被熔断,选择熔断器时应当选取熔断器的额定电流大于电动机的额定工作电流,一般情况下采用:

$$熔断器额定电流 \geqslant \frac{电动机起动电流}{2.5}$$

当电动机工作在频繁起动状态时,可以采用:

$$熔断器额定电流 \geqslant \frac{电动机起动电流}{1.6\sqrt{2}}$$

8.2.6　空气断路器

空气断路器(图 8.20)也叫自动空气开关,是一种常用的低压保护电器,可实现短路、过载和失压保护。它的结构形式很多,一般内部安装有过流脱扣器、欠压脱扣器、释放弹簧和连杆锁钩,在空气断路器正常工作时,连杆锁钩锁扣了主触点使其闭合,电力系统正常供电。当电路中出现严重过载或短路故障时,过流脱扣器动作使连杆锁钩脱扣,释放弹簧拉开主触点使故障电路与电源分断;当电路中出现严重欠压或断电现象时,欠压脱扣器动作使连杆锁钩脱扣,同样释放弹簧拉开主触点使电路与电源分断。由于空气断路器的连杆锁钩脱扣后不能自动复位,所以空气断路器动作后需要手动复位。

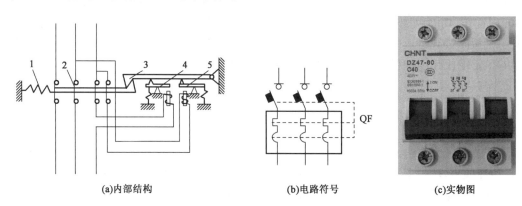

(a)内部结构   (b)电路符号   (c)实物图

图 8.20　空气断路器

1—释放弹簧;2—主触头;3—钩子;4—过流脱扣器;5—失压脱扣器

8.3 常用的继电接触器控制系统

通过开关、按钮、继电器和接触器等的触点的接通或断开来实现的各种控制称为继电接触器控制，由这种方式构成的自动控制系统称为继电接触器控制系统。典型的控制环节有点动控制、长动控制、正反转控制、顺序控制、行程控制等。

在使用过程中，由于各种原因，电动机可能会出现一些异常情况，如电源电压过低、电动机电流过大、电动机定子绕组之间短路或电动机绕组与外壳短路等，如不及时切断电源则可能会给设备或人身带来危险；因此，必须采取保护措施。常用的保护方式有短路保护、过载保护、零压保护和欠压保护等。

电动机的运转控制电路分为主电路与控制电路两部分。电动机的主电路负责为电动机供电，电动机工作电流的数值比较大，配置在主电路中的电气设备要有比较高的电气强度，如接触器的主触点、热继电器的热元件及主电路熔断器。电动机的控制电路用来控制电动机的运转状态，由于电动机控制电路流过的电流数值比较小，控制电路配置电气设备的电气强度相对较低，如接触器的辅助触点、按钮开关等。

8.3.1 三相异步电动机单向直接起动控制

电动机的起动过程是指电动机从接入电网开始起，到正常运转为止的这一过程，三相异步电动机的起动方式有两种，即在额定电压下的直接起动和降低起动电压的减压起动。电动机的直接起动是一种简单、可靠、经济的起动方法，但由于直接起动电流可达电动机额定电流的 4~7 倍，过大的起动电流会造成电网电压显著下降，直接影响在同一电网工作的其他感应电动机，甚至使它们停转或无法起动，故直接起动电动机的容量受到一定的限制，能否采用直接起动，可用以下经验公式来确定：

$$I_{st}/I_N \leq 3/4 + S/(4P_N) \tag{8.3}$$

式中 I_{st}——电动机的起动电流，A；

I_N——电动机的额定电流，A；

S——变压器容量，kV·A；

P_N——电动机容量，kW。

满足式(8.3)，即可允许直接起动。一般小于10kW的电动机常用直接起动。下面介绍异步电动机直接起动的单向控制线路。

1. 电动机单向点动控制线路

电动机单向点动控制线路是用按钮和接触器控制的，其原理如图8.21所示。线路的动作原理为：合上电源开关 QS，按下按钮 SB，接触器 KM 线圈得电，衔铁吸合，KM 主触点闭合，电动机 M 接入三相电源起动运转。放开按钮 SB，接触器 KM 线圈失电，KM 主触点断开，电动机 M 因断电而停转，从而实现了点动控制。

2. 电动机单向连续运转控制线路

接触器控制电动机单向连续旋转（长动）的控制线路，如图8.22所示。图中QS为三相刀开关、FU为熔断器、KM为接触器、FR为热继电器、M为三相异步电动机，SB1为停止按钮、SB2为起动按钮。

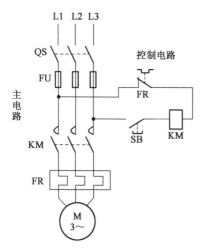

图8.21　电动机单向点动控制线路　　　　图8.22　电动机长动控制线路

（1）线路工作原理。起动时，首先合上电源开关QS，引入电源，拉下起动按钮SB2，交流接触器KM线圈通电并动作，三对常开主触点闭合，电动机M接通电源起动。同时，与起动按钮并联的接触器常开辅助触点也闭合；当松开SB2时，KM线圈通过其本身常开辅助触点继续保持通电，从而保证了电动机的连续运转。这种松开起动按钮，依靠接触器自身的辅助触点保持线圈通电的线路，称为自锁或自保线路。辅助常开触点称为自锁触点。当需电动机停车时，可按下停止按钮SB1、切断KM线圈线路，KM常开主触点与辅助触点均断开，切断了电动机的电源线路和控制线路，电动机停止运转。

（2）线路保护。控制线路具有短路保护、过载保护及失电压和欠电压保护。熔断器FU实现电动机主电路和控制线路的短路保护。当线路中出现严重过载或短路故障时，它能自动断开线路以免故障的扩大。在线路中熔断器应安装在靠近电源端，通常安装在电源开关下边。热继电器FR实现电动机的过载保护。当电动机出现长期过载时，串接在电动机定子线路中的双金属片因过热变形，致使其串接在控制线路中的常闭触点断开，切断了KM线圈线路，电动机停止运转，实现电动机的过载保护，电动机起动运转后，当电源电压由于某种原因降低或消失时，接触器线圈磁通减弱，电磁吸力不足，衔铁释放，常开主触点和自锁触点断开，电动机停止运转。而当电源电压恢复正常时，电动机不会自行起动运转，可避免意外事故的发生，这种保护称为失电压（欠电压）保护。具有自锁的控制线路具有失电压（欠电压）保护作用。

3. 三相异步电动机单向直接控制线路的安装

三相异步电动机单向直接起动控制线路安装与维护步骤见表8.3。

表8.3 三相异步电动机单向直接起动控制线路安装与维护步骤

序号	步 骤	方 法
1	设计配电板组件布置图	设计出三相异步电动机单向直接起动控制线路配电板组件布置图
2	选择常用低压电器	根据电动机功率正确选择接触器、熔断器、热继电器、按钮和开关的型号,列出电气元件明细表
3	线路安装与检查	(1)在电动机控制线路安装线路板上安装线路。 注意:先接控制线路,调试好后,再接主电路。安装时注意各接点要牢固,接触良好,同时,要注意文明操作,保护好各电器。 (2)线路检查。按电路图或接线图从电源端开始,逐段核对接线有无漏接、错接之处,检查导线接点是否符合要求,然后用万用表检查控制电路接线情况。 (3)热继电器的整定
4	通电试车	检验合格后,通电试车。接通三相电源L1、L2、L3,合上电源开关QS,用万用表检查熔断器出线端,任意两相电源电压为380V,说明电源接通。按下SB2,KM得电,电动机M起动,观察电气元件动作是否灵活,有无卡阻及噪声过大现象,观察电动机运行是否正常。若有异常,立即停车检查。按下SB1,KM失电,电动机M停车。通电试车完毕,停转,切断电源。先拆除三相电源线,再拆除电动机负载线
5	常见故障的分析与排除	运行时发现故障,及时切断电源,再认真查找故障,掌握查找线路故障的方法,发现不了,向指导老师汇报

4.三相异步电动机单向直接起动线路常见故障

三相异步动机单向起动电路应用广泛,但通过长期运行后,会发生各种故障,及时判断故障原因,进行相应处理,是防止故障扩大、保证设备正常运行的一项重要的工作。三相异步电动机单向直接起动线路常见故障如下:

(1)按起动按钮后电动机不能起动。出现这种现象时可按下列步骤处理:第一,判断是主电路还是控制电路故障。重点检查按钮开关的常开和常闭触点、接触器的互锁触点是否接触良好,热继电器的常闭触点是否复位闭合,接触器的绕组有无损坏,等等。第二,若在电动机接线端子U、V、W能测得正常电压,则是电动机发生故障。第三,若电动机起动时无法运转,并发出"嗡嗡"声,或在运行时突然发出不正常的"嗡嗡"声,是电动机出现了断相,一般是三相熔断器熔断(或松脱)一相、接触器的三相主触点有一相接触不良,也可能是电动机接线盒内的一相接线松脱。

(2)接通电源无须起动按钮控制,电动机自行运转。可能是起动按钮开关内部常开和常闭触点的接线接反了,在没按下按钮的状况下控制线路已接通,也可能是按钮开关的常开触点短接,未断开。

(3)电动机起动运转后,手离开起动按钮,电动机便停转。这是由于自锁支路出现问题,一般是接触器的自锁触点接触不良,或是自锁电路的接线松脱。

(4)电动机起动后,按下停止按钮SB1,电动机M1不能停车。第一,KM三对主触点发生熔焊造成,应立即切断电源开关QS,更换KM主触点或更换接触器。第二,停止按钮的触点击穿短路。

注意:进行故障处理时,必须先断开电源。

5. 安装工艺要求

(1)接线要符合工艺要求,导线要进线槽,接线要求美观、紧固,不得压绝缘层,无毛刺、无外露的裸体线,同一接线端子允许最多接两根相同类型及规格的导线。

(2)电动机配线、按钮接线要接到端子排上,配线合理。

(3)不损坏器件,安装完要盖好线槽盖。

8.3.2 三相异步电动机正反转控制线路

在生产过程中往往要求运动部件能作正反两个方向的运动,如机床工作台的前进与后退、机床主轴的正转与反转、起重机重物的上升与下降、阀门的开启与关闭等,这一切都要求拖动生产机械的电动机能实现正反两个方向的运转。如前所述,只要将三相异步电动机接到电源上的三根线中的任意两根对调,即可实现正反向运转。

1. 接触器正反转控制线路

接触器正反转控制线路,如图8.23(a)所示。图中KM1、KM2分别是正反转接触器,它们的主触点接线的相序不同,KM1接L1 – L2 – L3相序接线,KM2按L3 – L2 – L1相序接线,所以当两个接触器分别工作时,电动机的旋转方向不一样,实现正反转。其工作原理为:按下正转起动按钮SB2时,KM线圈通电并自锁,接通正序电源,电动机正转。按下停止按钮SB1时,KM1线圈失电,电动机停车。同样按下反转起动按钮SB3时,KM2线圈通电并自锁,接通反序电源,电动机反转。

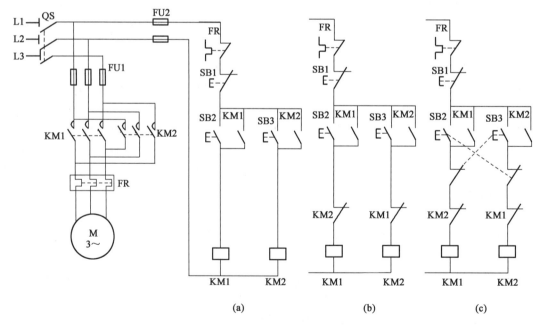

图8.23 电动机正反转控制线路

上述控制线路虽然可以完成正反转的任务,且比较简单,但这个线路是有缺点的,在按下SB2按钮、电动机正转起动并运行时,若发生误操作,又按下SB3按钮,此时KM1、KM2在主电路中的主触点同时闭合,将发生 L1、L3 两相电源短路的事故。

2. 接触器联锁的正反转控制线路

为避免上述事故的发生,在正转控制线路中串入反转接触器 KM2 的常闭触点,在反转控制线路中串入正转接触器 KM1 的常闭触点,如图 8.23(b)所示。这样,当正转接触器 KM1 动作后,反转接触器线圈 KM2 控制线路被切断,即使误按反转起动按钮 SB3,也不会使接触器 KM2 线圈通电动作。同理反转接触器 KM2 动作后,也保证了 KM1 线圈控制线路不能再工作。由于这两个常闭触点互相牵制对方的动作,故称为"互锁触点"。

3. 按钮联锁的正反转控制线路

将图 8.23(b)中接触器的常闭互锁触点换成复合按钮 SB2、SB3 中的常闭触点,就可实现按钮联锁的正反转控制。按钮联锁的正反转控制线路与接触器联锁的正反转控制线路动作原理基本相似。但是,由于采用了复合按钮,当 KM1 动作、电动机正转运行后,在按下反转起动按钮 SB3 时,首先是使接在正转控制线路中的反转按钮的常闭触点断开,于是,正转接触器 KM1 的线圈断电,电动机断电作惯性运转;紧接着反转起动按钮的常闭触点闭合,使反转接触器 KM2 线圈通电,电动机立即反转起动。这样,既保证了正反转接触器线圈不会同时通电,又可不按停止按钮而直接按反转按钮进行反转起动,或者由反转不用按停止按钮直接按正转按钮实现正转起动。但在操作时,应将起动按钮按到底,否则,只有停止而无反方向起动。

上述线路不太安全可靠,正转接触器 KM1 主触点发生熔焊分断不开时,若直接操作反转按钮进行换向,则会产生短路故障。因此,单用复合按钮联锁的线路是不够安全可靠的。

4. 按钮、接触器复合联锁的正反转控制线路

复合联锁的正反转控制线路,如图 8.23(c)所示。在这个控制线路中,由于采用了接触器常闭辅助触点的电气互锁和控制按钮的机械互锁,这样,既能实现直接正反转的要求,又保证了线路可靠工作,为电力拖动控制中所常用。

5. 三相异步电动机正反转控制线路的安装

三相异步电动机正反转控制线路如图 8.23(c)所示,项目实施步骤见表 8.4。

表 8.4   三相异步电动机正反转控制线路安装与维护步骤

序号	步　　骤	方　　法
1	设计配电板组件布置图	设计出三相异步电动机正反转控制线路配电板组件布置图
2	选择常用低压电器	根据电动机功率正确选择接触器、熔断器、热继电器、按钮和开关的型号,列出电气元件明细表
3	线路安装与检查	(1)在电动机控制线路安装线路板上安装线路。 注意:先接控制线路,调试好后,再接主电路。安装时注意各接点要牢固,接触良好,同时,要注意文明操作,保护好各电器。 (2)线路检查。按电路图或接线图从电源端开始,逐段核对接线有无漏接、错接之处,检查导线接点是否符合要求,然后用万用表检查控制电路接线情况。 (3)热继电器的整定

续表

序号	步　骤	方　法
4	通电试车	检验合格后,通电试车。接通三相电源L1、L2、L3,合上电源开关QS,用万用表检查熔断器出线端,任意两相电源电压为380V,说明电源接通。按下SB2,KM1得电,电动机M正转,按下SB3,KM1失电,KM2得电,电动机M反转,观察电气元件动作是否灵活,有无卡阻及噪声过大现象,观察电动机运行是否正常。若有异常,立即停车检查。按下SB1,KM2失电,电动机M停车。通电试车完毕,停转,切断电源。先拆除三相电源线,再拆除电动机负载线
5	常见故障的分析与排除	运行时发现故障,及时切断电源,再认真查找故障,掌握查找线路故障的方法,发现不了,向指导老师汇报

6. 三相异步电动机正反转控制线路常见故障

(1)接通电源后,按起动按钮,接触器吸合,但电动机不转且发出"嗡嗡"声响;或者虽能起动,但转速很慢。这种故障大多是主回路一相断线或电源缺相。

(2)接通电源后,按起动按钮,若接触器通断频繁,且发出连续的噼啪声或吸合不牢,发出颤动声。这类故障的原因可能是:线路接错,将接触器线圈与自身的常闭触头串在一条回路上了;自锁触头接触不良,时通时断;接触器铁芯上的短路环脱落或断裂;电源电压过低或与接触器线圈电压等级不匹配。

8.3.3 三相异步电动机顺序控制线路

对于操作顺序有严格要求的多台生产设备,其电动机应按一定的顺序启停。如机床中要求润滑油泵起动后,主轴电动机才起动。

1. 三相异步电动机顺序控制线路

电动机顺序控制线路原理图如图8.24所示。先合上开关QS,按下SB2,KM1线圈得电,KM1自锁触点闭合,自锁,KM1主触点闭合,电动机M1起动连续运转。按下SB3,KM2线圈得电,KM2自锁触点闭合,自锁,电动机M2起动连续运转。按下SB1,所有电动机停转。

2. 三相异步电动机顺序控制线路的安装

三相异步电动机顺序控制线路安装与维护步骤见表8.5。

表8.5　三相异步电动机单向直接起动控制线路安装与维护步骤

序号	步　骤	方　法
1	设计配电板组件布置图	设计出三相异步电动机顺序控制线路配电板组件布置图
2	选择常用低压电器	根据电动机功率正确选择接触器、熔断器、热继电器、按钮和开关的型号,列出电气元件明细表

— 150 —

序号	步骤	方法
3	线路安装与检查	(1)在电动机控制线路安装线路板上安装线路。 注意:先接控制线路,调试好后,再接主电路。安装时注意各接点要牢固,接触良好,同时,要注意文明操作,保护好各电器。 (2)线路检查。按电路图或接线图从电源端开始,逐段核对接线有无漏接、错接之处,检查导线接点是否符合要求,然后用万用表检查控制电路接线情况。 (3)热继电器的整定
4	通电试车	检验合格后,通电试车。接通三相电源 L1、L2、L3,合上电源开关 QS,用万用表检查熔断器出线端,任意两相电源电压为 380V,说明电源接通。按下 SB2,KM1 得电自锁,电动机 M1 起动连续运转,按下 SB3,KM2 得电自锁,电动机 M2 起动连续运转,观察电气元件动作是否灵活,有无卡阻及噪声过大现象,观察电动机运行是否正常。若有异常,立即停车检查。按下 SB1,KM1、KM2 同时失电,电动机 M1、M2 停车。通电试车完毕,停转,切断电源。先拆除三相电源线,再拆除电动机负载线
5	常见故障的分析与排除	运行时发现故障,及时切断电源,再认真查找故障,掌握查找线路故障的方法,发现不了,向指导老师汇报

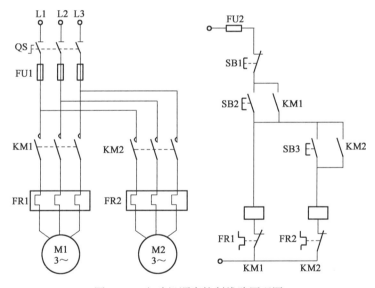

图 8.24　电动机顺序控制线路原理图

3.三相异步电动机顺序控制线路常见故障

(1)KM1 不能实现自锁。KM1 的辅助接点接错,接成常闭接点,KM1 吸合常闭断开,所以没有自锁。KM1 常开和 KM2 常闭位置接错,KM1 吸合时 KM2 还未吸合,KM2 的辅助常开是断开的,所以 KM1 不能自锁。

(2)不能顺序起动,KM2 可以先起动。KM2 先起动说明 KM2 的控制电路有电,检查 FR2 有电,这可能是 FR2 接点上口的 7 号线错接到了 FR1 上口的 3 号线位置上,这就使得 KM2 不受 KM1 控制而可以直接起动。

（3）不能顺序停止，KM1 能先停止。KM1 能停止这说明 SB1 起作用，并接的 KM2 常开接点没起作用。分析原因有两种：并接在 SB1 两端的 KM2 辅助常开接点未接；并接在 SB1 两端的 KM2 辅助接点接成了常闭接点。

（4）SB1 不能停止。检查线路发现 KM1 接触器用了两个辅助常开接点，KM2 只用了一个辅助常开接点，SB1 两端并接的不是 KM2 的常开而是 KM1 的常开，由于 KM1 自锁后常开闭合所以 SB1 不起作用。

8.3.4 三相异步电动机降压起动控制线路

所谓降压起动是指利用起动设备将电压适当降低后加到电动机的定子绕组上进行起动，待电动机起动运转后，再使其电压恢复到额定值正常运行。由于电流随电压的降低而减小，从而达到限制起动电流的目的。但是，电动机转矩与电压平方成正比，故降压起动将导致电动机起动转矩大大降低。因此降压起动适用于空载或轻载下起动。

笼型异步电动机常用的降压起动方法有四种：定子绕组串接电阻降压起动、Y/△降压起动、自耦变压器降压起动、延边三角形降压起动。

1. 定子绕组串接电阻降压启动控制线路

三相笼型异步电动机启动时在定子绕组中串接电阻，使定子绕组电压降低，从而限制启动电流，如图 8.25 所示。

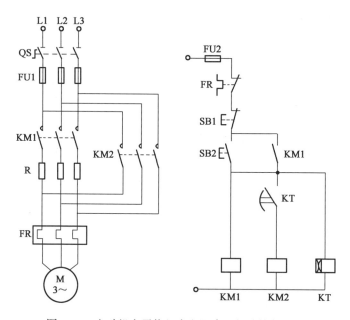

图 8.25　电动机定子绕组串电阻降压起动控制线路

控制电路的工作原理如图 8.26 所示。

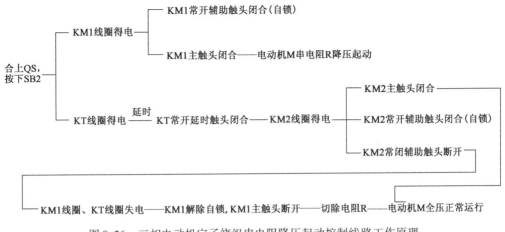

图 8.26　三相电动机定子绕组串电阻降压起动控制线路工作原理

2. 三相异步电动机 Y/△ 降压起动控制线路

1) 简介

对于正常运行为三角形接法的电动机,在起动时,定子绕组先接成星形,当转速上升到接近额定转速时,将定子绕组接线方式由星形改接成三角形,使电动机进入全压正常运行。一般功率在 4kW 以上的三相笼型异步电动机均为三角形接法,因此均可采用 Y/△ 降压起动的方法来限制起动电流,如图 8.27 所示。

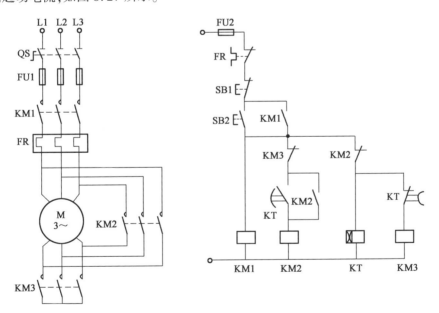

图 8.27　电动机 Y/△ 降压起动控制线路

控制电路的工作原理如图 8.28 所示。

2) 三相异步电动机 Y/△ 降压起动控制线路的安装

三相异步电动机 Y/△ 降压起动控制线路安装与维护步骤见表 8.6。

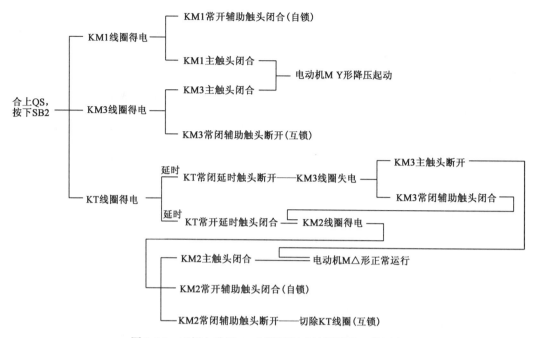

图 8.28　三相电动机 Y/△降压起动控制线路工作原理

表 8.6　三相异步电动机 Y/△降压起动控制线路安装与维护步骤

序号	步　骤	方　法
1	设计配电板组件布置图	设计出三相异步电动机 Y/△降压起动控制线路配电板组件布置图
2	选择常用低压电器	根据电动机功率正确选择接触器、熔断器、热继电器、按钮和开关的型号,列出电气元件明细表
3	线路安装与检查	(1)在电动机控制线路安装线路板上安装线路。 注意:先接控制线路,调试好后,再接主电路。安装时注意各接点要牢固,接触良好,同时,要注意文明操作,保护好各电器。 (2)线路检查。按电路图或接线图从电源端开始,逐段核对接线有无漏接、错接之处,检查导线接点是否符合要求,然后用万用表检查控制电路接线情况。 (3)热继电器的整定。 (4)时间继电器设置延时
4	通电试车	检验合格后,通电试车。接通三相电源 L1、L2、L3,合上电源开关 QS,用万用表检查熔断器出线端,任意两相电源电压为 380V,说明电源接通。按下 SB2,KM1 得电自锁,KM3 得电,电动机 M 以 Y 形联接降压起动,当时间继电器到达延时时间,KM3 失电,KM2 得电,电动机 M2 以△形联接全速运行。观察电气元件动作是否灵活,有无卡阻及噪声过大现象,观察电动机运行是否正常。若有异常,立即停车检查。按下 SB1,KM1、KM2 同时失电,电动机 M 停车。通电试车完毕,停转,切断电源。先拆除三相电源线,再拆除电动机负载线
5	常见故障的分析与排除	运行时发现故障,及时切断电源,再认真查找故障,掌握查找线路故障的方法,发现不了,向指导老师汇报

3)安装注意事项

(1)Y/△降压起动电路只适用于正常运行时△形接线、380V 的鼠笼异步电动机,不可用于正常运行时 Y 形接线的电动机,因为起动时已是 Y 形接线,电动机全压起动,当转入△形运行时,电动机绕组会因电压过高而烧毁。

(2)接线时应先将电动机接线盒的连接线拆除。

(3)接线时应特别注意电动机的首尾端接线相序不可有错,如果接线有错,在通电运行会出现起动时电动机左转、运行时电动机右转,或者出现起动时电动机运转、换接后电动机停转等故障。

(4)如果需要调换电动机旋转方向,应在电源开关负荷侧调好电源线,这样操作不容易造成电动机首尾端接线错误。

(5)起动时间。

①起动时间过短:起动时间过短电动机的转速还未提起来,这时如果切换到运行,电动机的起动电流还会很大,造成电压波动。

②起动时间过长:起动时间过长电动机的转速可以转起来,但因起动时间过长,电动机会因低电压大电流电动机发热烧毁。

③起动时间调整:为了防止起动时间过短或过长,时间继电器的初步时间确定一般按电动机功率 1kW0.6~0.8 秒整定。

(6)电动机 Y/△降压起动电路,由于起动力矩比原来的小很多,所以只适用于轻载或空载的电动机。

4)三相异步电动机 Y/△降压起动控制线路常见故障

(1)通电后,电动机不能起动。分析原因:电源开关接触不良;熔断器熔体烧断或接触不良;热继电器动作,常闭触头断开或接触不良;接触器 KM 主触头接触不良或 KM 线圈支路断路。

(2)通电后,电动机长期低速运转,不能恢复到正常转速。分析原因:时间继电器延时部分损坏,不动作;时间继电器线圈支路断路。

(3)通电后,电动机直接全压起动。分析原因:时间继电器线圈故障,延时触头瞬间动作;时间继电器整定时间太短,延时触头瞬间动作;接触器 KM 机械卡阻或触头熔焊。

第9章 Multisim 14 仿真软件与实例

9.1 Multisim 14 简介

Multisim 为 Interactive Image Technologies(加拿大图像交互技术公司,简称 IIT 公司)在 20 世纪 80 年代末推出的用于电子电路设计及仿真的工作平台,称为 Electronics Workbench(简称 EWB)。

20 世纪 90 年代末,EWB 进入我国,1996 年 IIT 公司推出了 EWB5.0 版本,因其优点突出,在行业内广受好评和青睐。之后,IIT 公司对 EWB 进行了较大的调整,并将定位为电子电路仿真的模块改名为 Multisim(多功能仿真软件),Multisim 2001、Multisim 7、Multisim 8 等均为 IIT 公司推出的 Multisim 版本。随后 IIT 公司隶属于 NI 公司,软件更名为 NI Multisim,之后 Multisim 经历了 Multisim 9、Multisim 10、Multisim 11、Multisim 12、Multisim 13、Multisim 14 等多个版本的升级,功能更加强大并融入了 Labview,增加了 51 系列和 PIC 系列的单片机仿真功能,同时加强了外设元件。

本章以 Multisim 14 为例进行介绍。图 9.1 为 Multisim 14 的显示界面,包括主菜单栏、项目区、状态显示区、电路图设计区、虚拟仪器等部分。

主菜单栏如图 9.2 所示,各选项功能释义如下:①文件;②编辑;③显示;④放置;⑤单片机;⑥仿真;⑦与印刷电路板传数据;⑧工具;⑨报告;⑩用户设置;⑪浏览;⑫帮助。

在 Options 菜单下的 Global Preferences 和 Sheet Properties 可根据用户习惯进行个性化设置,在 Multisim 14 中提供了两套电气元器件符号标准,包括 ANSI(美国标准,默认为该标准)和 DIN(欧洲标准,与中国符号标准一致)。

标准工具栏与视图工具栏如图 9.3 所示,采用 Windows 应用程序风格,各选项功能释义如下:①新建;②打开;③打开示例;④保存;⑤打印;⑥打印预览;⑦剪切;⑧复制;⑨粘贴;⑩撤销;⑪恢复;⑫放大;⑬缩小;⑭区域放大;⑮缩放工作表;⑯全屏。

图 9.4 为主工具栏,各选项功能释义如下:①设计工具箱;②电子表格视窗;③SPICE 网表查看器;④图形记录仪;⑤后处理器;⑥元器件向导;⑦数据库管理器;⑧使用的元器件列表;⑨电气规则检查;⑩传送到 Ultiboard;⑪创建 Ultiboard 注释文件;⑫修改 Ultiboard 注释文件;⑬查找案例;⑭帮助。

图 9.5 为元器件工具栏,各选项功能释义如下:①电源;②基本元器件;③二极管;④晶体管;⑤运算放大器;⑥TTL 元器件;⑦CMOS 元器件;⑧数字元器件;⑨混合元器件;⑩显示模块;⑪功率元件;⑫杂项元器件;⑬高级外围电路;⑭高频元器件;⑮机电元器件;⑯NI 元器件;⑰接插件;⑱MCU;⑲层次块;⑳总线。

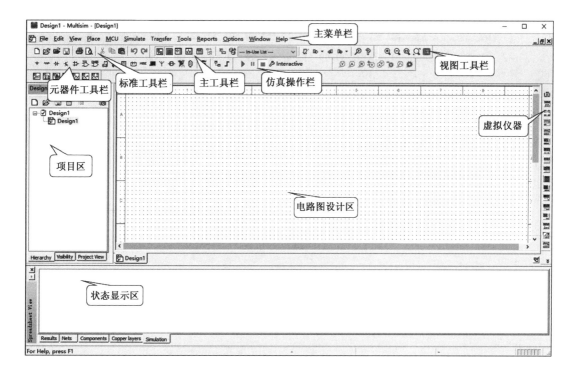

图 9.1   Multisim 14 显示界面

图 9.2   主菜单栏

图 9.3   标准工具栏与视图工具栏

![主工具栏]

图 9.4   主工具栏

![元器件工具栏]

图 9.5   元器件工具栏

图 9.6 为虚拟仪器,各选项功能释义如下:①万用表;②函数发生器;③功率表;④示波器;⑤四通道示波器;⑥波特图仪;⑦频率计;⑧字码发生器;⑨逻辑转换器;⑩逻辑分析仪;⑪伏安特性分析仪;⑫失真分析仪;⑬频谱分析仪;⑭网络分析仪;⑮Agilent 函数发生器;⑯Agilent 万用表;⑰Agilent 示波器;⑱Tektronix 示波器;⑲LabView 虚拟仪器;⑳电流钳。

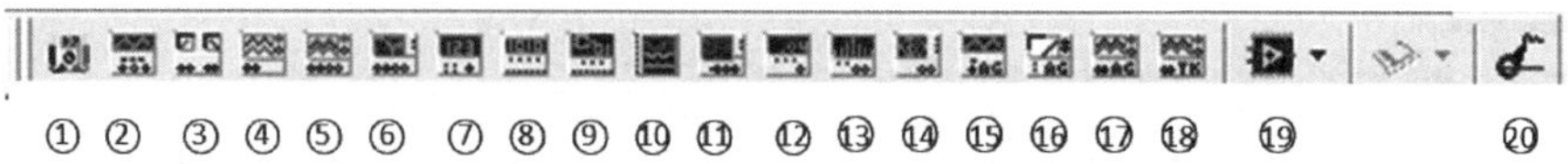

图 9.6　虚拟仪器

项目区如图 9.1 Multisim 14 显示界面的左半部分所示,电路以分层的形式进行显示,项目区的三个标签分别为:Hierarchy(显示不同电路的分层,单击"新建"按钮可生成新的电路设计图)、Visibility(设置是否显示电路的各种参数标识)、Project View(显示同一电路的不同页)。状态显示区展示运行状态、仿真和元部件等的相关信息。

9.2　Multisim 14 基本操作

Multisim 14 的基本操作步骤如下。

9.2.1　创建电路文件

(1)打开 Multisim 14 软件时自动打开空白电路文件 Design1,保存该文件可自命名。

(2)主菜单栏点击 File→New。

(3)标准工具栏点击 New。

(4)使用快捷键:Ctrl + N。

9.2.2　放置相关元器件和仪器仪表,调整相关参数以及元器件布局、连线

放置仪表可以点击虚拟仪器栏中相应的图标,元器件的放置可通过如下操作进行:

(1)主菜单点击 Place→Component。

(2)元器件工具栏选中相应类别进行放置。

(3)在电路图设计区单击鼠标右击,在弹出的栏中进行放置。

(4)使用快捷键:Ctrl + W。

下面以简易门铃仿真电路为例进行介绍,点击元器件工具栏放置电源按钮(Place Source),如图 9.7 所示。

放置好电源后,双击电源修改参数,将电压值修改为 5 V,如图 9.8 所示。

元器件参数调整方法为:双击元器件,弹出相关对话框,对话框选项卡包括如下信息:

(1)Label:标签,其中 Refdes 为编号,放置元器件时由系统自动分配编号,用户可修改,但编号需唯一。

(2)Display:显示。

(3)Value:数值。

(4)Fault:故障设置,其中 None 为无故障(默认),Open 为开路,Short 为短路,Leakage 为漏电。

(5)Pins:引脚,包含编号、类型、电气状态等。

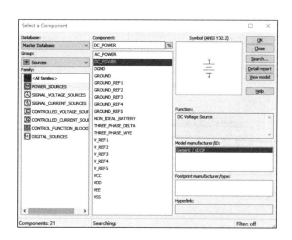

图 9.7　放置电源

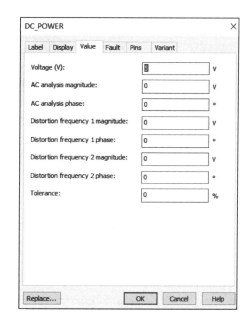

图 9.8　修改电源的电压值

　　与放置电源类似,放置接地端和电阻、电容以及 555 定时器,根据需要修改相关参数,如图 9.9、图 9.10、图 9.11、图 9.12 所示。点击虚拟仪器栏中示波器对应的按钮,如图 9.13 所示,放置示波器。所有元器件及仪器放置和设置好参数后,根据电路图合理布置各元器件的摆放位置,图 9.14 为放置元器件和仪器仪表后的效果图。

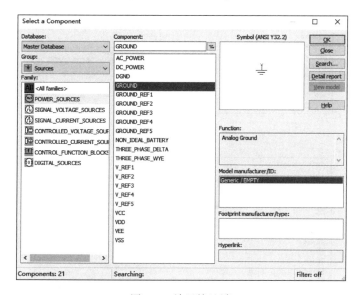

图 9.9　放置接地端

　　布局完成后进行连线。

　　(1)自动连线:单击起始引脚后鼠标指针变为十字形,移动鼠标至目标引脚或导线,再次单击后连线完成,当导线连接后呈现丁字交叉时,系统自动在交叉点放节点。

　　(2)手动连线:单击起始引脚后鼠标指针变为十字形,在连线需要拐弯的地方单击鼠标,用以固定连线的拐弯点,根据用户需要设定连线的路径。

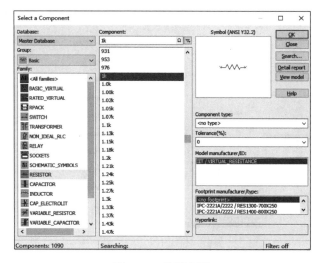

图 9.10　放置电阻

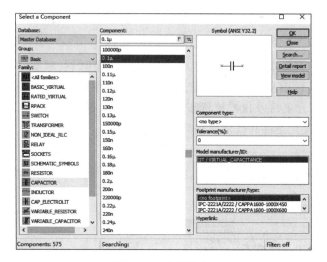

图 9.11　放置电容

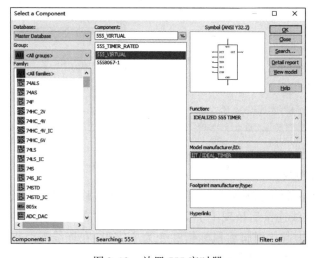

图 9.12　放置 555 定时器

图 9.13 放置示波器

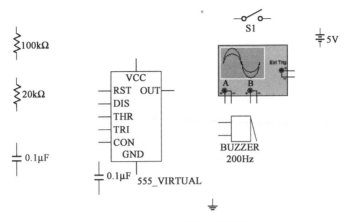

图 9.14 放置元器件和仪器仪表

（3）交叉点说明：Multisim 14 中默认丁字交叉为导通，十字交叉为不导通，对于十字交叉而需要导通的情况，可以分段连线，使其导通。

（4）删除导线和节点：右击→Delete，或者点击选中目标后按键盘 Delete 键。

图 9.15 是连线后的仿真电路图。

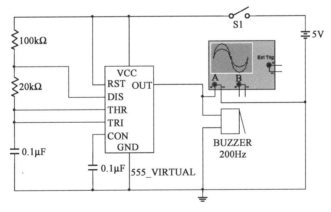

图 9.15 简易门铃电路仿真图

对元器件有特殊要求时，用户可使用元器件向导（Component Wizard）编辑用户自己的元器件，一般是在已有元器件的基础上进行编辑和修改。方法是主菜单栏→Tools→ Component Wizard，按照规定步骤编辑，使用元器件向导编辑生成的元器件位于 User Database（用户数据库）中。

9.2.3 仿真

当完成电路创建、元器件选择及参数编辑、布局和连线后，按下仿真开关，电路开始工作，

Multisim 14 界面的状态栏右端出现仿真状态标志,双击虚拟仪器,进行仪器参数设置,可获取仿真结果的相关信息。

图 9.16 为仿真界面,双击示波器,进行仪器参数设置,可以点击 Reverse 按钮将其背景反色,如图 9.17 所示,示波器窗口有两个测量标尺,可用来进行信号相关参数的测量。

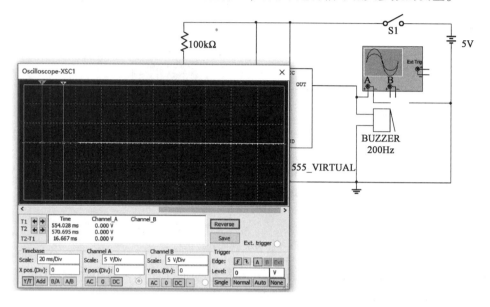

图 9.16　仿真界面

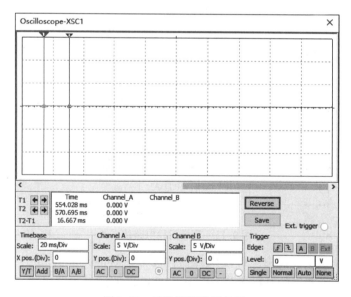

图 9.17　示波器背景反色图

9.2.4　分析仿真结果

可根据相关仪器仪表测量和电路仿真结果进行电路分析,还可以使用菜单命令 Simulate →Analyses and Simulation 进行分析。

9.3 典型电子电路的仿真

9.3.1 简易门铃电路仿真

在 Multisim 14 中创建工程文件,根据简易门铃电路图放置相关元器件和仪器仪表,调整相关参数以及元器件布局并连线。

所用元器件及相关参数见表 9.1。

表 9.1 简易门铃电路材料清单表

序号	数 量	描 述	参 考 标 识
1	1	DC_POWER,5V	V1
2	1	RESISTOR,100kΩ	R1
3	1	RESISTOR,20kΩ	R2
4	2	CAPACITOR,0.1μF	C1,C2
5	1	MIXED_VIRTUAL,555_VIRTUAL	A1
6	1	POWER_SOURCES,GROUND	0
7	1	SPST	S1
8	1	BUZZER,BUZZER 200Hz	LS1

简易门铃仿真电路如图 9.18 所示,点击仿真操作栏 Run 按钮(图 9.19)或按下键盘 F5,启动仿真,Run 按钮右边分别为暂停仿真、结束仿真按钮。

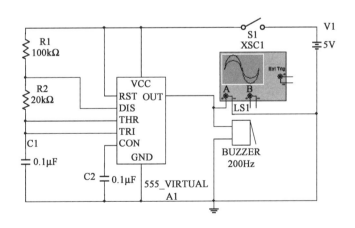

图 9.18 简易门铃仿真电路

开启仿真后,双击示波器图标,设置好示波器参数后,闭合开关 S1 后断开,简易门铃电路仿真结果如图 9.20 所示,从示波器的波形可以看出,555 定时器的输出端为矩形波,仿真时可听到虚拟蜂鸣器发出一定频率的声音。

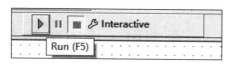

图 9.19　仿真操作栏

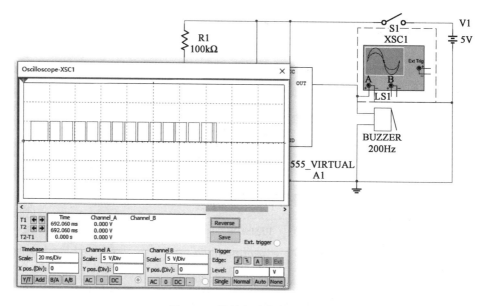

图 9.20　简易门铃仿真结果

9.3.2　三极管放大电路仿真

在 Multisim 14 中创建工程文件,根据三极管放大电路的电路图,放置相关元器件和仪器仪表,调整相关参数以及元器件布局并连线。

所用元器件及相关参数见表 9.2。

表 9.2　放大电路材料清单表

序号	数　量	描　　述	参 考 标 识
1	1	DC_POWER,12V	V1
2	1	RESISTOR,20kΩ	R2
3	2	RESISTOR,3kΩ	R3,R6
4	1	RESISTOR,10kΩ	R4
5	1	RESISTOR,1kΩ	R5
6	2	CAP_ELECTROLIT,33μF	C1,C2
7	1	CAP_ELECTROLIT,100μF	C3
8	1	VARIABLE_RESISTOR,100kΩ	R1
9	1	POWER_SOURCES,GROUND	0
10	1	BJT_NPN,2N2222	Q1

放大电路输入信号为 1kHz、10mV 的正弦波（图9.21），仿真电路如图9.22所示，通过双通道示波器同时采集输入信号和输出信号。点击仿真操作栏 Run 按钮或按下键盘 F5，进行仿真。开启仿真后，双击示波器图标，设置好示波器参数后，得到的放大电路仿真结果如图9.23所示，从示波器的波形可以看出，输入信号为 1kHz、10mV 的正弦波，输出信号与输入信号频率相同，放大电路的实际放大倍数可根据波形相关参数求出。

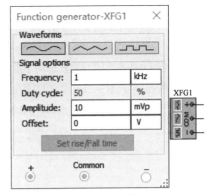

图9.21 输入信号

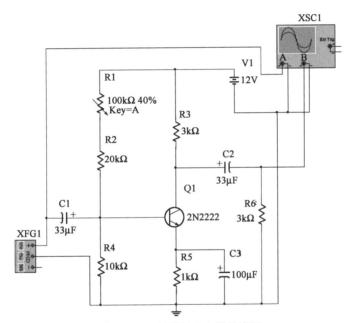

图9.22 三极管放大电路仿真图

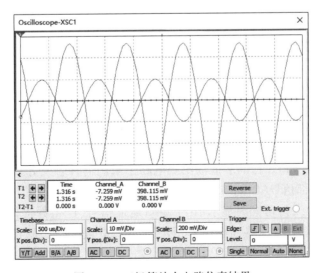

图9.23 三极管放大电路仿真结果

9.3.3 基本门电路的仿真

在进行基本门电路仿真时,会用到字发生器和逻辑分析仪,下面介绍这两个仪器。

字发生器(图9.24)为可编辑的通用数字激励源,双击字发生器,在弹出的仪器面板中,可设置输出方式控制方式(循环、单帧、单步、复位)、数制显示(十六进制、减、二进制、ASCⅡ)、触发方式、频率等。

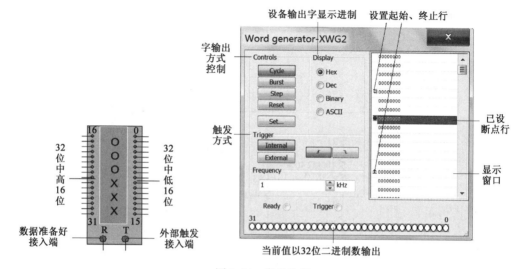

图9.24 字发生器

(1)显示窗口的字值数制。字发生器显示窗口共 1024 行(存储单元),以卷轴形式出现。可以以 8 位十六进制数显示,也可以以 10 位十进制数显示,还可以以 32 位二进制数显示。

(2)输出方式控制(Controls)。

①循环(Cycle):行输出方式设为循环输出,即从被选择的起始行开始向电路输出字符串,一直到终止行,然后又从起始行开始下一个循环。

②单帧(Burst):行的字值仅输出一次,即从被选择的起始行开始向电路输出字值,一直到终止行为止,只传输一次,不循环。

③单步(Step):行输出方式是单步输出,单击一次,输出一个字值。

(3)显示窗口设置。设置断点(Set Break-point):断点是当字发生器向电路传行的字值时,传输到某行的字值需停止,若要继续传输则再按一下仿真。起始设置(Set Initial Position)、终止设置(Set Final Position)与断点设置(Set Break-point)相同。

(4)设置(Set…)。设置卷轴的起始行、进制数等参数。

(5)触发方式(Trigger)。行的字值输出到电路中采用何种触发方式,是用字发生器内部信号(Internal)还是外部信号(External)触发,是用信号的上升沿还是用下降沿触发。

逻辑分析仪(图9.25)可同时显示 16 个逻辑通道信号,产生并提供 32 位的二进制数。双击逻辑分析仪,在弹出的仪器面板中,可设置停止、重置、反相、游标位置、时钟、触发方式等。

在仿真时,可以选择分立元器件或者选择集成芯片进行仿真,下面介绍这两种方法。

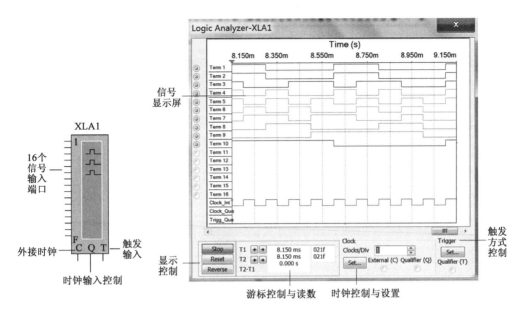

图 9.25　逻辑分析仪

1.选择分立元器件

在 Multisim 14 中创建工程文件,根据基本门电路图,选择 TTL→74LS→74LS00D→U1A 放置仪器仪表,字发生器的低两位连接基本逻辑门的输入,同时连接逻辑分析仪 1、2 端口,基本门电路的输出连接逻辑分析仪的 3 端口,调整字发生器设置输出方式为循环,二进制显示,以及触发方式及频率,在显示窗口设置循环的初始位置及最终位置,完成元器件布局并连线。所用元器件及相关参数见表 9.3。

表 9.3　基本门电路材料清单表

数　　量	描　　述	参　考　标　识
1	74LS,74LS00D	U1A

基本门电路仿真图如图 9.26 所示。点击仿真操作栏 Run 按钮或按下键盘 F5,进行仿真。开启仿真后,双击逻辑分析仪图标,调整时钟频率和时钟格数,得到的最终仿真结果如图 9.27 所示,逻辑分析仪上 1 和 2 端显示与非门输入值,3 端显示与非门输出结果。

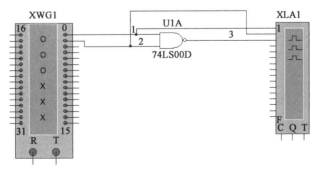

图 9.26　基本门电路仿真图

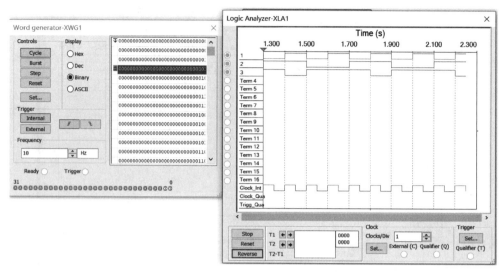

图 9.27　仿真结果图

2. 选择集成芯片

在 Multisim 14 中创建工程文件,根据基本门电路图,选择 TTL→74LS_IC→74LS00D,放置相关元器件和仪器仪表,调整相关参数以及元器件布局并连线。

所用元器件及相关参数见表 9.4。

表 9.4　基本门电路材料清单表

序号	数　量	描　　述	参 考 标 识
1	1	74LS_IC,74LS00D	U2
2	1	POWER_SOURCES,VCC	VCC
3	1	POWER_SOURCES,DGND	GND

基本门电路仿真图如图 9.28 所示。

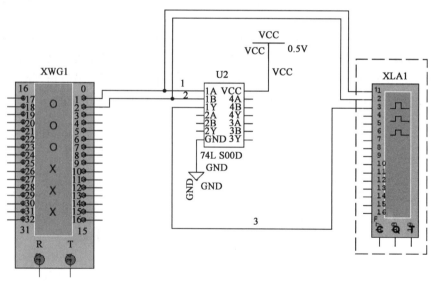

图 9.28　基本门电路仿真图

点击仿真操作栏 Run 按钮或按下键盘 F5,进行仿真。开启仿真后,双击逻辑分析仪图标,调整时钟频率和时钟格数,得到的最终仿真结果如图 9.29 所示,逻辑分析仪上 1 和 2 端显示与非门输入值,3 端显示与非门输出结果。

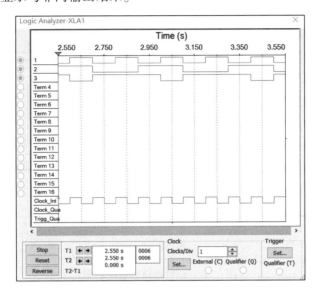

图 9.29　仿真结果图

9.3.4　计数译码显示电路的仿真

在 Multisim 14 中创建工程文件,根据计数译码显示电路图,放置相关元器件和仪器仪表,调整相关参数以及元器件布局并连线。

所用元器件及相关参数见表 9.5。

表 9.5　计数译码显示电路材料清单表

序号	数　量	描　　述	参 考 标 识
1	1	74LS_IC,74LS160D	U1
2	4	74LS_IC,74LS48D	U2
3	1	HEX_DISPLAY,SEVEN_SEG_COM_K	U3
4	1	SIGNAL_VOLTAGE_SOURCES,CLOCK_VOLTAGE	V1
5	1	POWER_SOURCES,VCC	VCC
6	1	POWER_SOURCES,DGND	GND
7	1	POWER_SOURCES,GROUND	0

基本门电路仿真图如图 9.30 所示。

点击仿真操作栏 Run 按钮或按下键盘 F5,进行仿真。开启仿真后,观察数码管从 0~9 循环显示数字。

思考:如何用中规模十进制计数器实现其他进制的计数器?

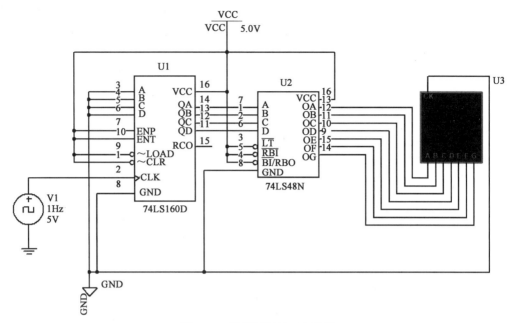

图 9.30　计数译码显示电路图

9.4　典型电气控制线路的仿真

9.4.1　三相异步电动机单向直接起动控制电路仿真

在 Multisim 14 中创建工程文件,根据笼式异步电动机单向直接起动控制电路图,放置相关元器件和仪器仪表,调整相关参数以及元器件布局并连线。

所用元器件及相关参数见表 9.6。

表 9.6　笼式异步电动机单向直接起动控制电路材料清单表

序号	数　量	描　　　　述	参考标识
1	1	INDUCTION_MACHINE_SQUIRREL_CAGE	M1
2	4	NO_CONTACT,1	K1,K2,K3,K4
3	1	MECHANICAL_LOADS,ARBITRARY_LOAD	U1
4	1	ENERGIZING_COIL_AC,1	K5
5	1	SUPPLEMENTARY_SWITCHES,PB_NO	S2
6	1	SPST_NC_SB,	S1
7	1	POWER_SOURCES,GROUND	0
8	1	SUPPLEMENTARY_SWITCHES,3PST_SB	S3
9	1	THREE_PHASE_WYE,220V 50Hz	V2

序号	数 量	描 述	参考标识
10	1	THERMAL_OL	S4
11	2	FUSE	F1,F2

笼式异步电动机单向直接起动控制电路仿真图如图 9.31 所示,QS 为空气开关,SB1 为停止按钮,SB2 为启动按钮,通过示波器同时采集电动机的 ABC 三相交流电压。

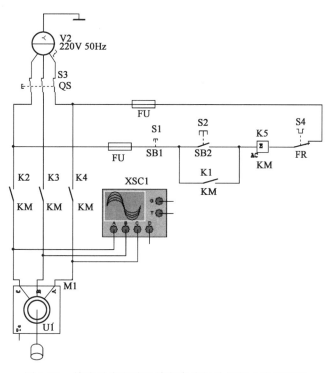

图 9.31　笼式异步电动机单向直接起动控制电路仿真图

K5 的参数设置如图 9.32 所示,K1、K2、K3、K4 的参数设置如图 9.33 所示。点击仿真操作栏 Run 按钮或按下键盘 F5,进行仿真。开启仿真后,双击示波器图标,设置好示波器参数,QS 闭合,SB1 闭合,点击 SB2,K5 通电,常开触点 K1、K2、K3、K4 动作变为闭合,电动机 M1 启动,仿真结果如图 9.34 所示,笼式异步电动机的电压波形如图 9.35 所示。运行过程中,点击 SB1,电动机 M1 停止,仿真结果如图 9.36 所示。

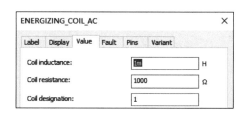

图 9.32　K5 参数设置图

图 9.33　K1、K2、K3、K4 参数设置图

综上,该控制电路能通过 SB2 启动电动机 M1,通过 SB1 使电动机 M1 停止。

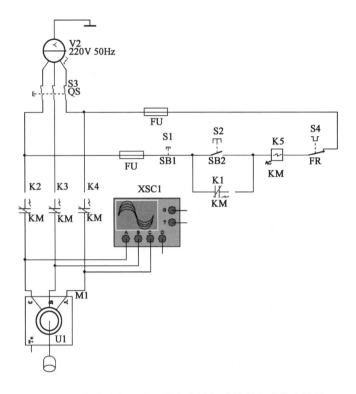

图 9.34　笼式异步电动机单向直接起动控制电路仿真结果

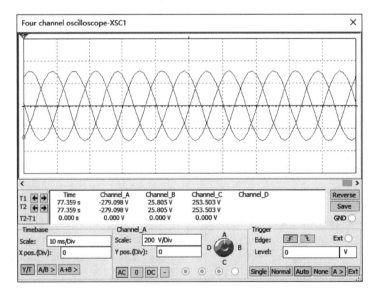

图 9.35　笼式异步电动机电压波形图

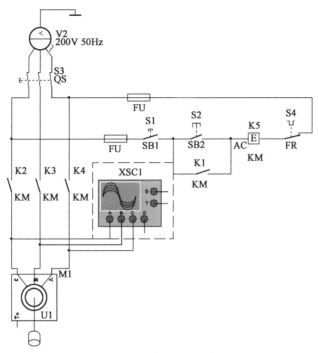

图9.36 点击 SB1,M1 停止

9.4.2 三相异步电动机顺序起动控制电路仿真

在 Multisim 14 中创建工程文件,根据笼式异步电动机顺序起动控制电路图,放置相关元器件和仪器仪表,调整相关参数以及元器件布局并连线。

所用元器件及相关参数见表 9.7。

笼式异步电动机顺序起动控制电路仿真图如图 9.37 所示,QS 为空气开关,SB1 为停止按钮,SB2 为电动机 M1 启动按钮,SB3 为电动机 M2 启动按钮。

表 9.7 笼式异步电动机顺序起动电路材料清单表

序号	数 量	描 述	参考标识
1	2	INDUCTION_MACHINE_SQUIRREL_CAGE	M1,M2
2	4	NO_CONTACT,1	K1,K2,K3,K7
3	2	MECHANICAL_LOADS,ARBITRARY_LOAD	U1,U2
4	1	ENERGIZING_COIL_AC,1	K9
5	2	SUPPLEMENTARY_SWITCHES,PB_NO	S2,S3
6	1	SPST_NC_SB,	S1
7	4	NO_CONTACT,2	K4,K5,K6,K8
8	1	ENERGIZING_COIL_AC,2	K10
9	1	THREE_PHASE_WYE,220V 50Hz	V1
10	1	POWER_SOURCES,GROUND	0
11	1	SUPPLEMENTARY_SWITCHES,3PST_SB	S4
12	1	THERMAL_OL	S5
13	2	FUSE	F1,F2

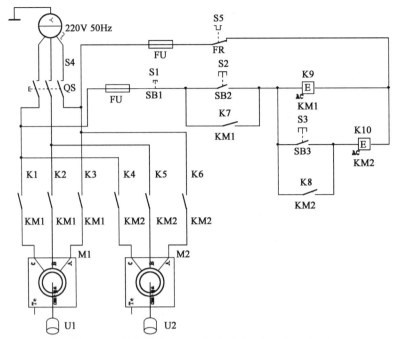

图 9.37　笼式异步电动机顺序起动控制电路仿真图

K9 的参数设置如图 9.38 所示,K1、K2、K3、K7 的参数设置如图 9.39 所示。K10 的参数设置如图 9.40 所示,K4、K5、K6、K8 的参数设置如图 9.41 所示。

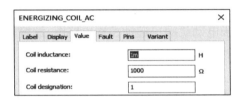

图 9.38　K9 参数设置图

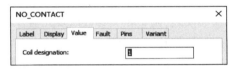

图 9.39　K1、K2、K3、K7 参数设置图

图 9.40　K10 参数设置图

图 9.41　K4、K5、K6、K8 参数设置图

点击仿真操作栏 Run 按钮或按下键盘 F5,进行仿真。

仿真运行效果如下:

1. 先启动 M1,再启动 M2

QS 闭合,SB1 闭合,点击 SB2,K9 通电,常开触点 K1、K2、K3、K7 动作变为闭合,电动机 M1 启动,电动机 M2 无动作,仿真结果如图 9.42 所示。

点击 SB3,K10 通电,常开触点 K4、K5、K6、K8 动作变为闭合,电动机 M2 启动,仿真结果如图 9.43 所示。

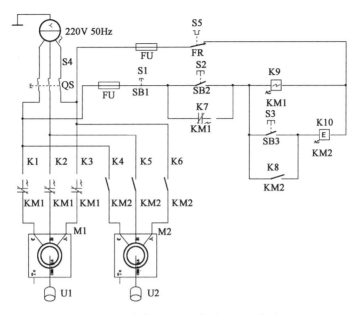

图 9.42　点击 SB2,M1 启动、M2 不启动

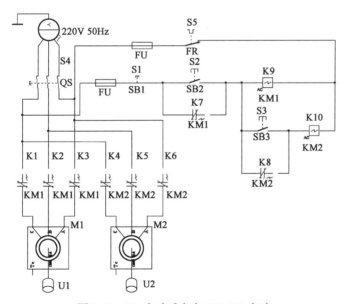

图 9.43　M1 启动后点击 SB3,M2 启动

电动机 M1、M2 运行过程中,点击 SB1,电动机 M1、M2 均停止,仿真结果如图 9.44 所示。

2. 先启动 M2,再启动 M1

QS 闭合,SB1 闭合,未启动 M1、不操作 SB2 的情况下点击 SB3 尝试启动电动机 M2,M1、M2 均无动作。

综上,该控制电路中电动机的启动顺序只能为先启动 M1 再启动 M2,不能先启动 M2 再启动 M1。

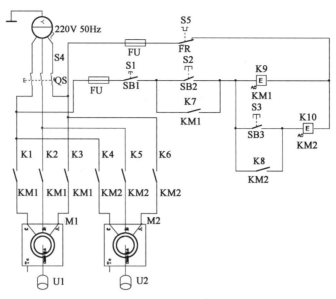

图 9.44　点击 SB1,M1、M2 停止

9.4.3　三相异步电动机正反转控制电路仿真

在 Multisim 14 中创建工程文件,根据笼式异步电动机正反转控制电路图,放置相关元器件和仪器仪表,调整相关参数以及元器件布局并连线。

所用元器件及相关参数见表 9.8。

表 9.8　笼式异步电动机正反转控制电路材料清单表

序号	数　　量	描　　述	参 考 标 识
1	1	INDUCTION_MACHINE_SQUIRREL_CAGE	M1
2	4	NO_CONTACT,1	K1,K2,K3,K7
3	1	MECHANICAL_LOADS,ARBITRARY_LOAD	U1
4	1	ENERGIZING_COIL_AC,1	K9
5	1	SPST_NC_SB,	S1
6	4	NO_CONTACT,2	K4,K5,K6,K8
7	1	ENERGIZING_COIL_AC,2	K10
8	2	SUPPLEMENTARY_SWITCHES,PB_DPST	S2,S3
9	1	THREE_PHASE_WYE,220V 50Hz	V1
10	1	POWER_SOURCES,GROUND	0
11	1	NC_CONTACT,1	K11
12	1	NC_CONTACT,2	K12
13	1	SUPPLEMENTARY_SWITCHES,3PST_SB	S4
14	1	THERMAL_OL	S5
15	2	FUSE	F1,F2

笼式异步电动机正反转控制电路仿真图如图 9.45 所示,QS 为空气开关,SB1 为停止按钮,SB2 为电动机 M1 正转启动按钮,SB3 为电动机 M1 反转启动按钮。

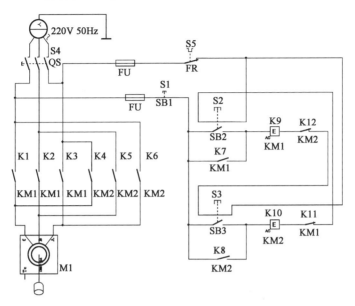

图 9.45　笼式异步电动机正反转控制电路仿真图

K9 的参数设置如图 9.46 所示,K1、K2、K3、K7 的参数设置如图 9.47 所示,K11 的参数设置如图 9.48 所示。

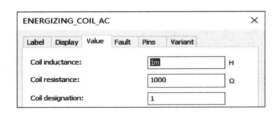

图 9.46　K9 参数设置图

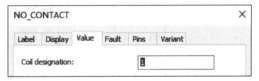

图 9.47　K1、K2、K3、K7 参数设置图

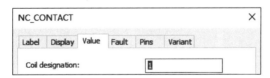

图 9.48　K11 参数设置图

K10 的参数设置如图 9.49 所示,K4、K5、K6、K8 的参数设置如图 9.50 所示,K12 的参数设置如图 9.51 所示。

点击仿真操作栏 Run 按钮或按下键盘 F5,进行仿真。

仿真运行效果如下:

QS 闭合,SB1 闭合,点击 SB2,K9 通电,常开触点 K1、K2、K3、K7 动作变为闭合,常闭触点 K11 动作变为断开,K10 不通电,常开触点 K4、K5、K6、K8 不动作为断开,常闭触点 K12 不动作为闭合,电动机 M1 正转,仿真结果如图 9.52 所示。

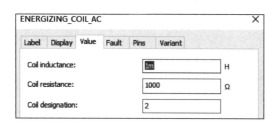

图 9.49　K10 参数设置图

图 9.50　K4、K5、K6、K8 参数设置图

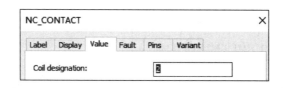

图 9.51　K12 参数设置图

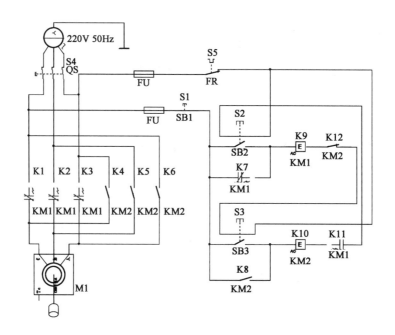

图 9.52　点击 SB2,M1 正转

　　点击 SB3,K10 通电,常开触点 K4、K5、K6、K8 动作变为闭合,常闭触点 K12 动作变为断开,K9 不通电,常开触点 K1、K2、K3、K7 不动作为断开,常闭触点 K11 不动作为闭合,电动机 M1 反转,仿真结果如图 9.53 所示。

　　再点击 SB2,K9 通电,常开触点 K1、K2、K3、K7 动作变为闭合,常闭触点 K11 动作变为断开,K10 不通电,常开触点 K4、K5、K6、K8 不动作为断开,常闭触点 K12 不动作为闭合,电动机 M1 再次正转,仿真结果如图 9.54 所示。

　　M1 正转或反转过程中点击 SB1,电动机 M1 均停止,仿真结果如图 9.55 所示。

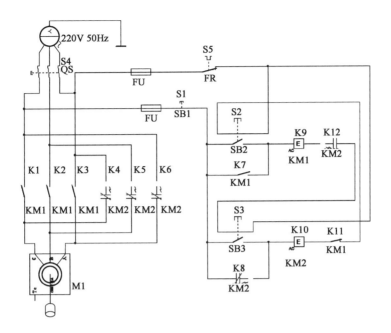

图 9.53　M1 正转过程中点击 SB3,M1 反转

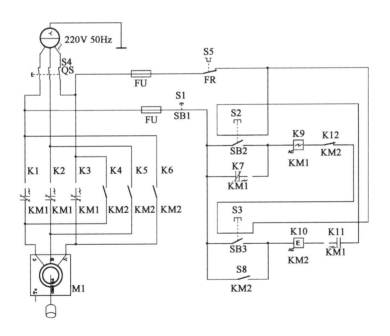

图 9.54　M1 反转过程中点击 SB2,M1 正转

综上,该控制电路中,可由 SB2 控制电动机 M1 正转,可由 SB3 控制电动机 M1 反转,可由 SB1 控制电动机停止。

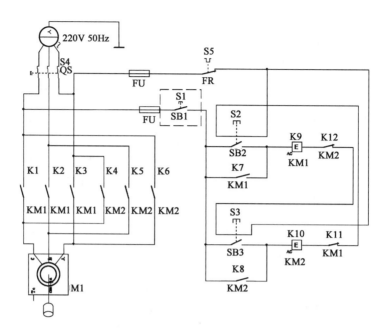

图 9.55 点击 SB1,M1 停止

第 10 章　PCB 设计与制作

10.1　PCB 简介

印制电路板,简称 PCB(Printed Circuit Board)或者 PWB(Printed Wire Board),是电子设备中重要的组成部分,其相关概述在第一章介绍过,这里不再赘述。本章主要介绍 PCB 板的设计与制作。

10.1.1　印制板设计要求与整体布局

(1)正确:准确实现电路原理图的连接关系,避免出现短路和断路这两个简单而致命的错误。

(2)可靠:连接正确的电路板不一定可靠性好。例如,板材选择不合理、板材及安装固定不正确、元件布局不当都可能导致 PCB 不能可靠地工作。从可靠性的角度讲,结构越简单,使用元件越少,板层数越少,可靠性越高。

(3)合理:一个印制板组件,从印制板的制造、检验、装配、调试到整机装配、调试直到维修,都与印制板设计的合理与否息息相关。例如,板子形状不好加工困难,引线孔太小装配困难,没留测试点调试困难,板外连接选择不当维修困难等。

(4)经济:这是一个不难达到,又不易达到,但必须达到的目标。说"不难",是因为只要板材选低价,板子尺寸尽量小,连接用直焊导线等价格就会下降。

10.1.2　元件排列方式及安装尺寸

1.元件排列方式

元件在印制板上有以下两种排列方式:

(1)随机排列:也称不规则排列,元件轴线沿任意方向排列,如图 10.1 所示。用这种方式排列元件,看起来杂乱无章,但是由于元件不受位置与方向的限制,因而印制导线布设方便,并且还可以做到短而少,使印制面的导线大为减少,这对减少线路板的分布参数,抑制干扰,特别对高频电路有利。

(2)坐标排列:也称规则排列,元件轴线方向排列一致,并与板的四边垂直平行,如图 10.2

所示。它的特点是排列规范,美观整齐,安装调试及维修较方便;但由于元件排列要受一定方向和位置的限制,因而布线复杂,印制导线也会相应增加。

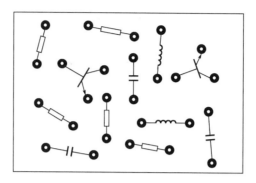

图 10.1 随机排列

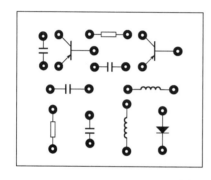 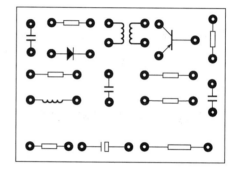

图 10.2 坐标排列

2. 元件安装尺寸

(1)IC 间距:1 个 IC 间距 0.1in,即 2.54mm;

(2)软引线尺寸与硬引线尺寸:在元件安装到印制板上时一部分元件和普通电阻、电容、小功率三极管、二极管等对焊盘间距要求不是很严格,称为软引线尺寸;另一部分元件,如大功率三极管、继电器、电位器等引线不允许折弯,对安装尺寸有严格要求,称这一类元件为硬引线尺寸。

10.1.3 印制电路

1. 印制导线宽度

印制导线的宽度由该导线工作电流决定,其关系见表 10.1。

表 10.1 印制导线最大允许工作电流与导线宽度的关系

导线宽度,mm	1	1.5	2	2.5	3	3.5	4
导线面积,mm²	0.05	0.075	0.1	0.125	0.15	0.175	0.2
导线电流,A	1	1.5	2	2.5	3	3.5	4

工程中有以下参考经验:

（1）电源线及地线在板面允许的条件下尽量宽一些，即使在面积紧张的情况下一般也不应小于1mm；

（2）对长度超过100mm的导线，即使工作电流不大，也应适当加宽以减少导线压降对电流的影响；

（3）一般信号获取及处理电路，包括TTL、CMOS、非功率运放、RAM、ROM微处理等电路部分，可不考虑导线宽度；

（4）一般安装密度不大的印制板，印制导线宽度不小于0.5mm为宜。

2. 导线图形间距

相邻导线图形之间的间距（包括印制导线、焊盘、印制元件）由它们之间的电位差决定，其关系见表10.2。

表10.2　印制导线间距最大允许工作电压

导线间距,mm	0.5	1	1.5	2	3
工作电压,V	100	200	300	500	700

3. 印制导线走向与形状

印制电路在全部布线"走通"的前提下，还要运用以下几条准则（图10.3）：

（1）以短为佳，能走捷径就不要绕远；

（2）走线平滑自然为佳，避免急拐弯和尖角；

（3）公共地线应尽可能多地保留铜箔。

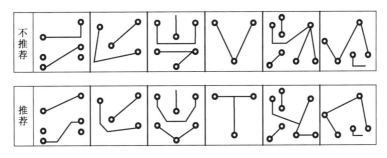

图10.3　印制导线走向与形状

4. 焊盘与孔

1）焊盘形状

（1）圆形焊盘：焊盘与穿线孔为同心圆，其外径为2～3倍孔径；多在元件规则排列中使用，双面印制板也多采用圆形焊盘。

（2）方形焊盘：印制板上元件大而少且印制板导线简单时多采用这种设计形式。

（3）椭圆焊盘：这种焊盘在同一方向尺寸小，有利于中间走线，常用于双列直插式器件或插座类元件。

2）孔的设计

孔的大小以略大于元件管脚直径为宜。

10.2 Altium Designer 15 软件介绍

Altium Designer 是原 Protel 软件开发商 Altium 公司开发的一款功能强大的 PCB 设计软件,继承了原 Protel 软件的功能,综合了 FPGA 设计与嵌入式系统软件设计功能。本节将以 Altium Designer 15 为版本进行介绍,其主要功能有:

(1)原理图设计:元件符号库管理、原理图编辑、混合电路仿真、信号完整性分析、报告和清单、层次化原理图设计。

(2)PCB 设计:元件封装库管理、人工和自动布线、自动多通道布局和布线、交互 3D 编辑、信号完整性分析、制造文件生成。

(3)FPGA 和嵌入式软件设计:HDL(硬件描述语言)仿真和调试、嵌入式软件设计与开发。

10.2.1 工程文件的创建

1.创建工程文件

启动 Altium Designer 15 软件(以下简称 AD15)后,选择"文件"→"New"→"Project",出现 "New Project"对话框,在顶部的"Project Types"对话框中选择"PCB Project"(该类型包含原理图、PCB、元件符号、元件封装等设计)。如果设计有模板要求,可在"Project Templates"中选择;如果没有,可直接选择"Default"。设置文件名称、文件保存地址后,点击"OK",这样工程文件就创建好了。此时,在"Project"工作面板中,"Timer. PrjPcb"就是创建的工程文件,其下的"No Documents Added"代表当前没有具体的设计文件,是个空的项目,如图 10.4 所示。

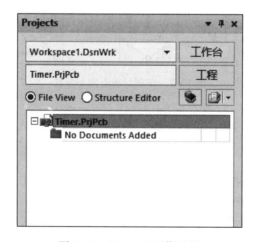

图 10.4 "Project"工作面板

2.创建设计文件

当项目文件创建后,可以针对设计中具体的文件进行创建,比如原理图文件、PCB 设计文件、原理图符号库文件、PCB 封装库文件等。

在图 10.4 的工作面板中,在"Timer.PrjPcb"处右击,再选择"给工程添加新的",就能为工程添加"Schematic"(原理图)"PCB""BOM(材料表)""Schematic Library(原理图符号库文件)"等,本次选择添加"Schematic(原理图)",如图 10.5 所示。

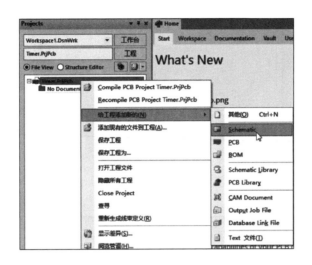

图 10.5　添加设计文件

3. 文件保存

选择"Schematic"后,在工作面板上右击"Sheet1.SchDoc",在出现的文件操作相关快捷菜单中,选择"保存",在弹出的对话框中,修改保存路径和文件名,单击"保存"。

4. 配置工具栏

AD15 中工具栏中提供了多个工具,如图 10.6 所示,包括绘图主要工具(绘制导线、总线、总线分支、网络标号等)、实用工具(放置直线、曲线、矩形框、文本等)、对齐工具(上下对齐、左右对齐、等距对齐等)、通用器件(电阻、电容、门电路、缓冲器等)、电源符号(各种电源和地线符号)、仿真源(仿真用电源、正弦信号源、脉冲源)。

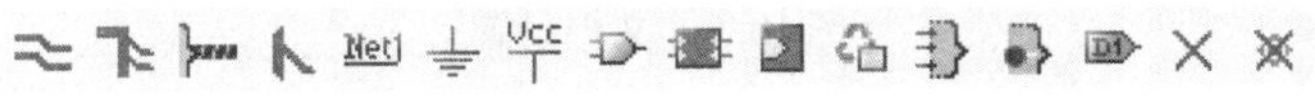

图 10.6　常用工具栏

5. 设置原理图绘制参数

图 10.7 为原理图绘制界面,顶部为主菜单和工具栏,右侧是隐藏 Libraries(库)工作面板,左侧是"Project"工作面板,中间是绘图区,右下角是面板标签。按住键盘"Ctrl"并滚动鼠标滚轮,能够实现图纸的放大和缩小。

选择"设计",再打开"文档选项",如图 10.8 所示,可以对图纸的尺寸、栅格等,进行设置。

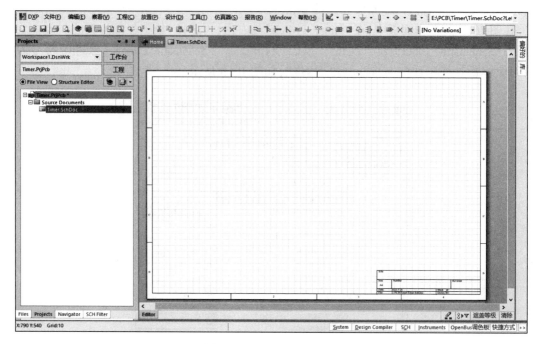

图 10.7　原理图绘制界面

图 10.8　文档设置

10.2.2　元件设置

1. 加载元件库

在 AD15 中有两种库,分别为集成库和普通库。集成库的扩展名是 IntLib,一般将元件符号、元件封装库进行打包编译而成;普通库的扩展名为 SchLib(原理图符号库)和 PcbLib(元件封装库)。

通过右侧"库"工作面板,打开元件符号库,如图 10.9 所示,为系统自带的 Miscellaneous Devices. LntLib(分立元件集成库)。

命令按钮:"Libraries"按钮用来加载/卸载元件库;"Search"按钮用来搜索某个已知名字或者名字中包含某些字符特征的元件;"Place × × ×"按钮用来放置在下方的元件列表中选中的元件。

当前库:绘图时只能显示一个库的元件,在下拉列表中可以选择需要使用的库。

匹配条件:元件库中有很多元件,当匹配条件为"＊"时,显示该库中所有元件;如果输入已知的元件名,则会显示该元件。

元件列表:显示当前选中元件库中的所有元件,或者是当前选中元件库中满足匹配条件的所有元件。

元件符号:显示在元件列表中选中的元件所对应的图形符号,即原理图中出现的符号。

2D封装或者3D图形:显示元件符号,同时还能看到其封装和3D图形。

下面介绍加载元件库的方法。单击右侧"库"工作面板中的"Libraries",出现图10.10所示的"可用库"对话框,选择"Installed"选项卡,可以看到目前已经加载的库文件,其中"Miscellaneous Devices. LntLib"是分立元件集成库,"Miscellaneous Connectors. LntLib"是接插件集成库,其余都是与 FPGA 相关的库。

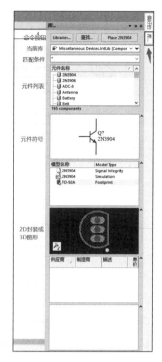

图 10.9　元件符号库

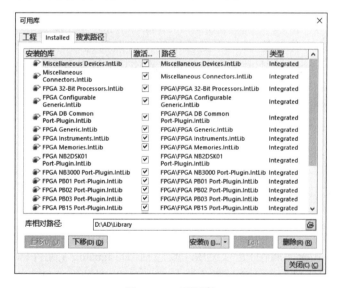

图 10.10　可用库

加载元件库:AD15 中自带的 Library 文件夹中,包含了众多公司的元件库文件。

下面介绍自身携带的库文件的加载方法。单击"安装",在弹出的下拉菜单中选择"Install from file(从文件加载)"命令,再根据 AD15 安装时的路径找到 Library 文件夹,找到需要的某个元件库,单击"打开"按钮,这样就能在图 10.10 中看到所选择的元件库安装成功了。也可以打开"All Files",针对某一种类型的库进行安装。

卸载元件库:在图 10.11 中选择需要删除的库,点击"删除"即可。

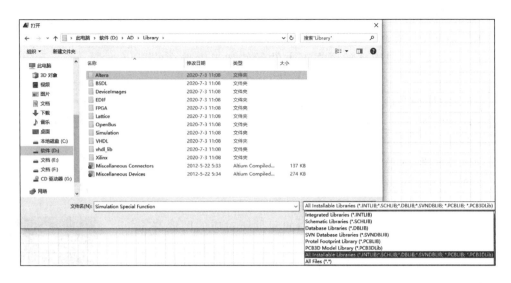

图 10.11　库安装

图 10.12　选择元件

2.选择元件

加载 AD15 自带的"Miscellaneous Devices.LntLib",在库工作面板中搜索"Res"就能找到电阻,如图 10.12 所示,选择"Place Res1"或者直接拖拽到图纸上即可。移动鼠标可以改变元件在图中的位置,按空格键可以使元件逆时针旋转 90°,按"X"键可以使元件做水平方向镜像调整,按"Y"键可以使元件做垂直方向镜像调整。接地、电源、总线、信号线束等符号可以直接从工具栏中选择,如图 10.13 所示。

图 10.13　选择接地、电源等

3.编辑元件属性

当元件处于悬浮状态(刚被拖出还没放置在图纸上时),按下"Tab"键或者右击元件,选择"Properties",出现元件属性对话框,如图 10.14 所示。

左上角的"Properties"(属性)选项组中主要包括"Designator"(元件标号)、"Comment"(元件注释)等选项,可以通过选中或取消其右侧的"Visible",对其进行显示或者隐藏。

左下角的"Graphical"(图形)选项组中主要包括元件位置、角度等相关选项。

右上角"Parameters"(参数)选项组列出了元件参数。

右下角"Model"(模型)选项组中主要包括封装模型、仿真模型等相关选项。

4.删除元件

在原理图绘制时,如果要删除元件,可以单击需要删除的元件,按"Delete"键就可以删除。

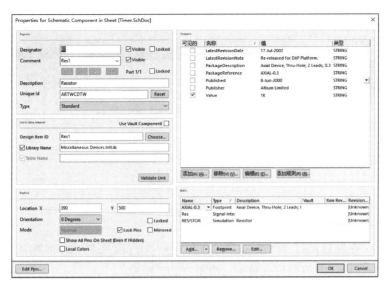

图 10.14　编辑元件属性

10.2.3　电气连线

当放置完元件后,要对元件与元件间实施连线,在 AD15 中,与线相关的工具如图 10.15 所示,从左到右分别是导线、总线、信号线束和总线分支。

图 10.15　与线相关的工具

在进行电路图绘制时,元件之间的连线必须是具有电气特性的,在上述工具中,导线才具有电气特性,单击图 10.15 中第一个按钮或者执行主菜单中"Place"→"Wire",执行连线命令,在连线起点单击鼠标左键,在连线终点再次单击鼠标左键即可完成一次连线。在走线时,导线会随着鼠标位置的变化自动转弯。如果在连线过程中有多处转弯,可分别单击鼠标左键确认转弯处。连线结束后,右击鼠标即可退出连线状态。

下面以两个电阻之间的连线进行讲解,如图 10.16(a)所示。选中"放置线",这时鼠标会变成一个十字光标,将十字光标移动到 R1 的左引脚上,这时左引脚上会出现"×",鼠标单击,如图 10.16(b)所示。移动光标到 R2 的左引脚这时左引脚上会出现"×",鼠标单击完成连线,如图 10.16(c)所示。这时鼠标直接移动到 R1 的右引脚上,单击鼠标,在连接到 R2 右引脚时,连线会自动转弯,如图 10.16(d)所示。再次单击完成第二次连线,右击鼠标,取消连线。

连线的删除方法和元件的删除方法一致,选中连线,按"Delete"键就可以删除。

10.2.4　元件符号制作

元件符号是绘制原理图时要用到的核心要素。AD15 中自带库都保存在 Library 文件夹中。在使用过程中,在 AD15 中自带的库中找不到某些特殊元件或者新产生的元件时,就必须制作相应的元件符号。

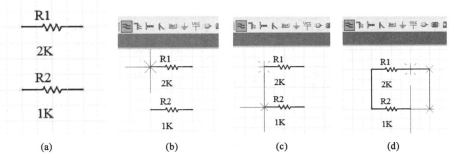

图 10.16　连线过程

1. 新建元件符号库文件

在 10.2.1 小节新建的工程"Timer. PrjPcb"处右击,再选择"给工程添加新的",选择"Schematic Library(原理图符号库文件)",如图 10.17 所示。

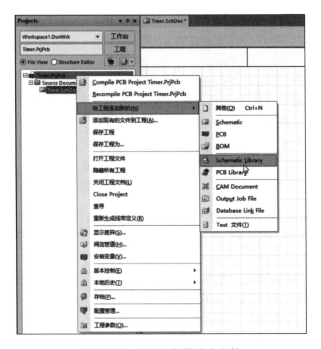

图 10.17　添加元件符号库文件

这时,在"Pojects"工作面板中会出现默认的元件符号库文件名"Schlib1. SchLib",界面中间为元件符号绘制区域,如图 10.18 所示。

2. 保存元件符号库文件

右键默认的元件符号库文件名"Schlib1. SchLib",选择保存,并将文件保存在相应工程文件路径下,更名后保存。

3. 设置元件符号参数

元件符号制作的主要工作是绘制元件外形、添加引脚和其他线条。在"Pojects"工作面板中可以进行文件管理,而实际绘制元件符号时,为了对元件进行管理和编辑,需要使用另外一个工作面板:"SCH Library"工作面板。

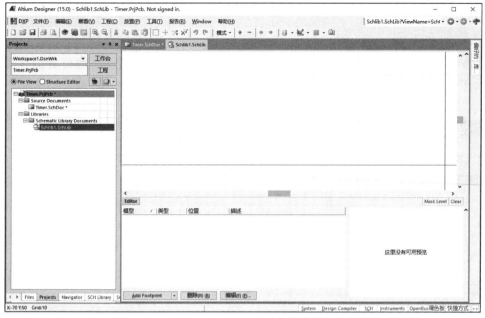

图 10.18　元件符号库

打开"SCH Library"工作面板,如图 10.19 左下角所示,或者在界面右下角的工作面板调度中心单击"SCH",在弹出的菜单中选择"SCH Library"。

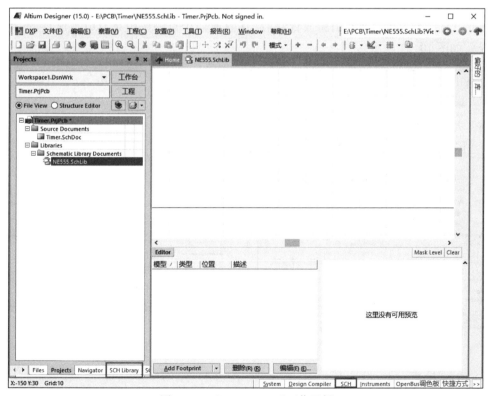

图 10.19　"SCH Library"工作面板

在图10.20所在的对话框中,编辑新器件的名字,并保存。

4.绘制元件符号

1)绘制正方形

单击"放置",选择"矩形",在元件符号绘制区域绘制一个矩形(注意位置需在原点附近),如图10.21所示。

图10.20　新建器件

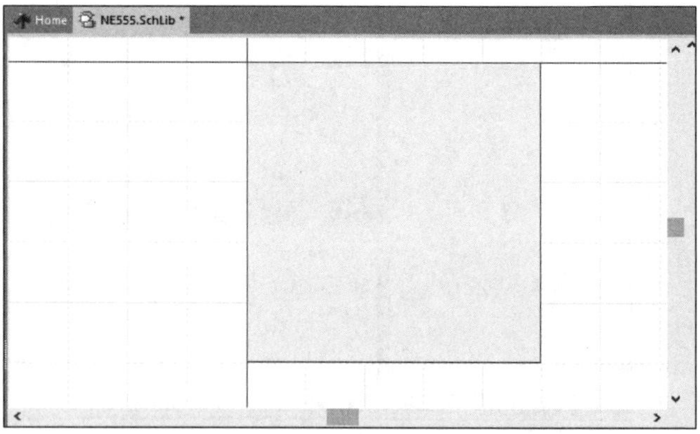

图10.21　绘制矩形

2)放置引脚

再点击"放置",选择"引脚",按"Tab"键对引脚参数进行设置,如图10.22所示,其余引脚均按照此方法进行设置。所有引脚放置完后(注意有四个点的一段是有电气属性的,用来连接导线),如图10.23所示。

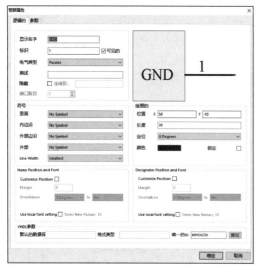

图10.22　引脚属性设置

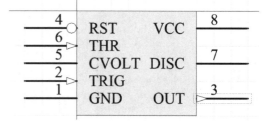

图10.23　NE555

3)添加封装

在图10.19所在的对话框中,点击"编辑",在弹出的对话框中,设置默认元件符号"U?",

默认元件注释"NE555",再选中"Add…",在弹出的对话框中选择"Footprint",如图 10.24 所示。

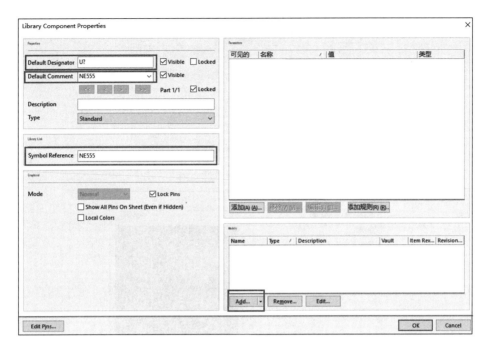

图 10.24　元件属性设置

这时弹出 PCB 模型对话框,如图 10.25 所示。选择"任意",再点击"浏览",出现如图 10.26 所示的对话框。

图 10.25　PCB 模型

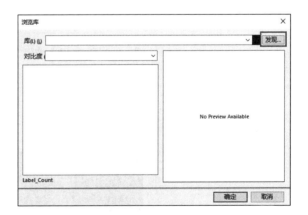

图 10.26　浏览库

这时,对话框中显示没有可预览的内容,选择右上角"发现",进入"搜索库"中,输入名字"DIP – 8",单击查找,如图 10.27 所示。

搜索结果如图 10.28 所示,这时显示所选的封装在方框所示库中,复制该库,点击确定。

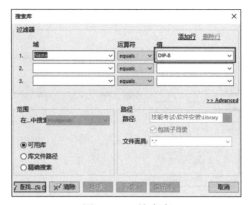

图 10.27　搜索库

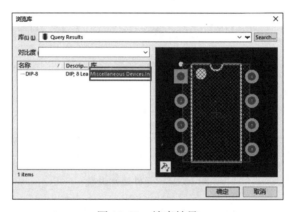

图 10.28　搜索结果

　　在图 10.29 方框中,粘贴复制内容(注意只保留"Miscellaneous Devices. LntLib",前后内容均删除,且不能有空格),这时候封装及封装图形均出现,代表封装已经找到,单击"OK",封装完成,如图 10.30 所示。

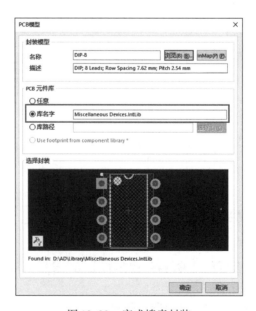

图 10.29　完成搜索封装

图 10.30　完成添加封装

AD15 为 PCB 设计提供了比较齐全的各类元件的封装库、集成库,在实际设计中,可能会发现某些元件封装不合适或者暂时无法找到,这时,可根据元件手册自行设计封装。下面介绍两种方法。

与之前建立的原理图或者 PCB 文件一样,在 10.2.1 小节新建的工程"Timer. PrjPcb"处右击,再选择"给工程添加新的",选择"PCB Library",如图 10.31 所示。

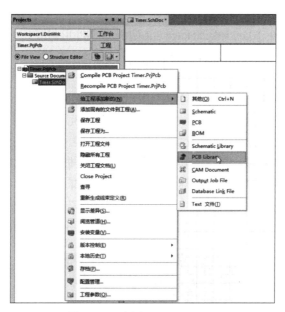

图 10.31　新建"PCB Library"

(1)用 PCB 向导创建规则封装。选择"工具"→"元器件向导",系统弹出元件封装向导对话框,如图 10.32 所示,点击"下一步",进入元件封装模式选择界面,在模式类表中列出了各种封装模式,如图 10.33 所示。

根据元件采用的安装技术不同,封装可分为插入式封装技术(Through Hole Technology,THT)和表贴式封装技术(Surface Mounted Technology,SMT)。插入式封装元件安装时,元件安置在板子的一面,将引脚穿过 PCB,焊接在另一面上。表贴式封装技术安装时,引脚焊盘和元件在同一面。封装模式有以下几种:

①BGA(Ball Grid Array):球栅阵列封装。

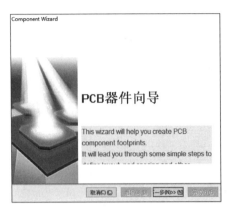

图 10.32　安装向导　　　　　　　　图 10.33　封装模式选择界面

②PGA(Pin Grid Array):插针栅格阵列封装。

③QFP(Quad Flat Package):方形扁平封装。

④PLCC(Plastic Leaded Chip Carrier):有引线塑料芯片载体。

⑤DIP(Dual In-line Package):双列直插封装。

⑥SIP(Singe In-line Package):单列直插封装。

⑦SOP(Small Out-line Package):小外形封装。

⑧SOJ(Small Out-line J-Leaded Package):J型引脚小外形封装。

⑨CSP(Chip Scale Package):芯片级封装。

⑩Flip-Chip:倒装焊芯片。

⑪COB(Chip on Board):板上芯片封装。

选择对应的封装模式,再根据所要设计元件手册依次完成焊盘设置、外框设置、焊盘位置设置、焊盘数量设置等,即可完成封装设置。

(2)手动创建不规则封装。若某些电子元器件的引脚非常特殊,用 PCB 元器件向导无法创建新的封装,这时可以根据元件的实际参数手动创建引脚封装。

根据设计元件手册的封装参数,通过"放置"→"走线"来绘制封装外形,通过"放置"→"焊盘"来放置焊盘位置,双击对应焊盘,设置焊盘参数,如图 10.34 所示。

图 10.34　焊盘参数设置

至此,手动封装就制作完成了。可以在"PCB Library"面板中看到设计的封装。

5. 放置元件

将设置好的元件的元件,通过图 10.35 右下角框内的放置,将元件放置在原理图中,并连线完成原理图绘制,如图 10.36 所示。

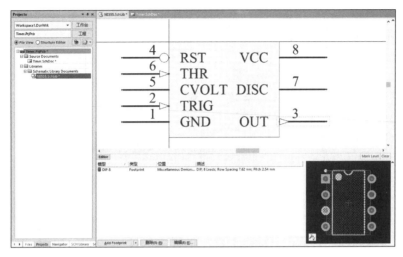

图 10.35　放置元件

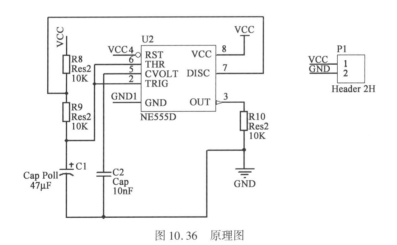

图 10.36　原理图

10.2.5　PCB 设计

在 AD15 中进行 PCB 设计的流程可以概括为:准备原理图→检查/修改封装→建立 PCB 设计文件→规划 PCB 板→导入元件封装→PCB 布局→PCB 布线→检查 PCB。

以图 10.36 所示电路为例,介绍 PCB 的设计。

Altium 公司在官网上发布了很多元件库,大多是集成库。在库中,每一个元件封装都有一个名称,其命名规则是:元件封装类型 + 焊盘距离(焊盘数) + 元件外形尺寸,例如,电阻的封装为"AXIAL0.3",0.3 代表电阻两个引脚(焊盘)之间的距离为 300mil(1mil = 0.0254mm)。双列直插式集成电路元件的封装名为"DIP14",其中 14 代表引脚数目。

1. 修改封装

在原理图中双击需要修改的元件,点击图 10.37 中的"Edit",打开 PCB 模型对话框,然后查找封装并进行修改,查找封装方法可参考上一节的方法。

图 10.37　修改封装

2. 建立 PCB 设计文件

和新建原理图类似,在 10.2.1 小节新建的工程"Timer. PrjPcb"处右击,再选择"给工程添加新的",选择"PCB",如图 10.38 所示。

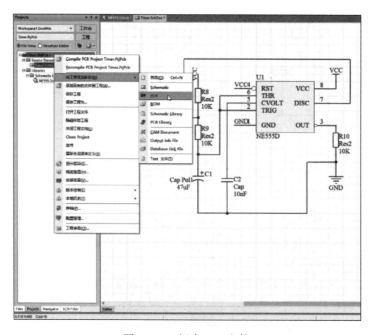

图 10.38　新建 PCB 文件

在 PCB 设计中,度量尺寸的单位有两种:一种是公制,如 mm;另一种是英制,如 mil。其转换关系为:$1\mathrm{mil} = 1/1000\mathrm{inch} = 0.00254\mathrm{cm} = 0.0254\mathrm{mm}$。在使用时,可以通过"Q"键来实现单位之间的切换。

新建的 PCB 如图 10.39 所示,包括常用工具、PCB 设计区、工作层等。

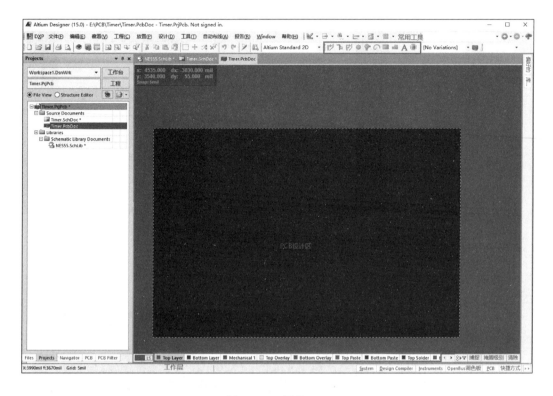

图 10.39　新建 PCB

工作层包括顶层、底层、机械层、丝印层、掩膜层、禁止布线层等。

顶层(Top Layer):对应实际 PCB 板的上层,设计单面板时,通常顶层用来放置元件封装,在顶层上敷上铜箔,元件引脚焊接在这一面,主要完成电气特性的连接;对于双面板,两面都有布线。默认布线颜色为红色。

底层(Bottom Layer):对应实际 PCB 板的下层,通常用来布线。默认布线颜色为蓝色。

机械层(Mechanical Layer):用于描述电路板的机械结构、标注及加工等说明,不能完成电气连接特性。

丝印层(Overlay):通常会在此层上印上文字、图形,用来标示各零件在电路板上的位置。AD15 中提供两层丝印层,分别是"Top Overlay"和"Bottom Overlay"。

掩膜层(Mask Layer):主要用于保护铜线,也可以防止元件被焊接到不正确的地方。

禁止布线层(Keep-Out Layer):只有在这里设置了布线框,才能启动系统的自动布局和自动布线。

单击"Keep-Out Layer",选择直线工具,在该层上绘制一个紫色的闭合矩形框。选中 4 条围成矩形的紫色边框线,然后选择"设计"→"板子形状"→"按照选择对象定义",如图 10.40 所示,这时电路板的边框外面立即被裁剪,如图 10.41 所示。

图 10.40　设置步骤

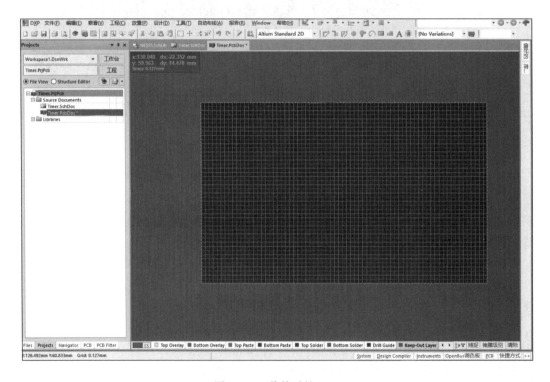

图 10.41　裁剪后的 PCB

3. 导入元件封装

在原理图绘制中将元件封装和电气关系添加到 PCB 中，执行"设计"→"Update PCB Document Timer. PcbDoc"，如图 10.42 所示，出现如图 10.43 所示的对话框，这是 ECO 对话框。

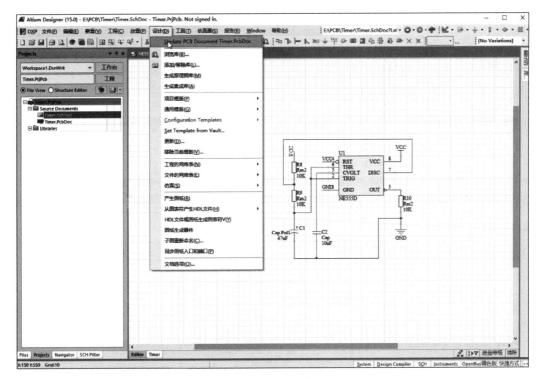

图 10.42　设置步骤

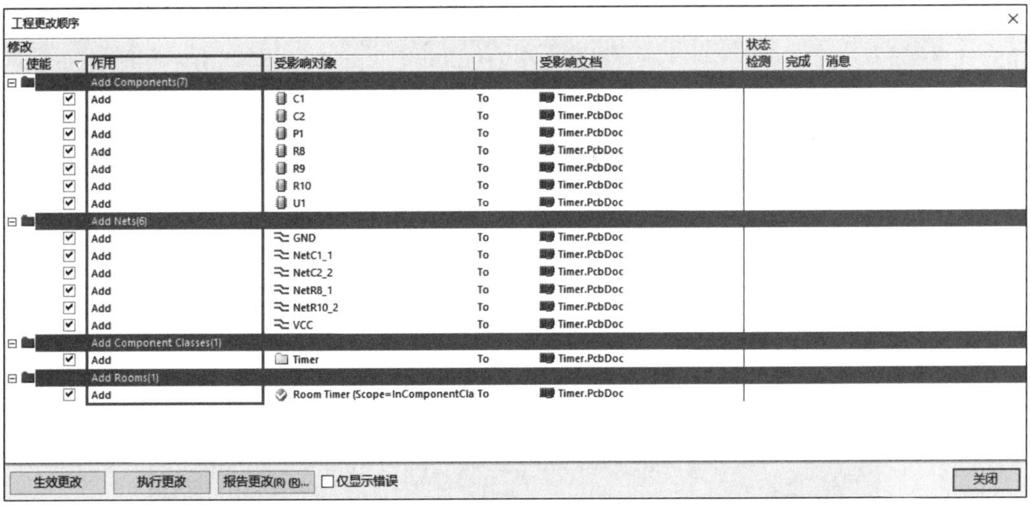

图 10.43　ECO 对话框

添加项目:左侧方框部分是指原理图向 PCB 中添加的内容,有 Add Components(添加元件)、Add Pins To Nets(添加引脚到网络)、Add Component Class Members(添加元件组成员)、Add Rooms(添加区域)。

验证更改:用于检查元件封装是否有错,如图 10.44 所示为验证后的结果,如果报错,则根据报错结果进行更改。

执行更改:执行更改后,所有的结果都是绿色的"√",如图 10.45 所示,点击"关闭",退出 ECO。

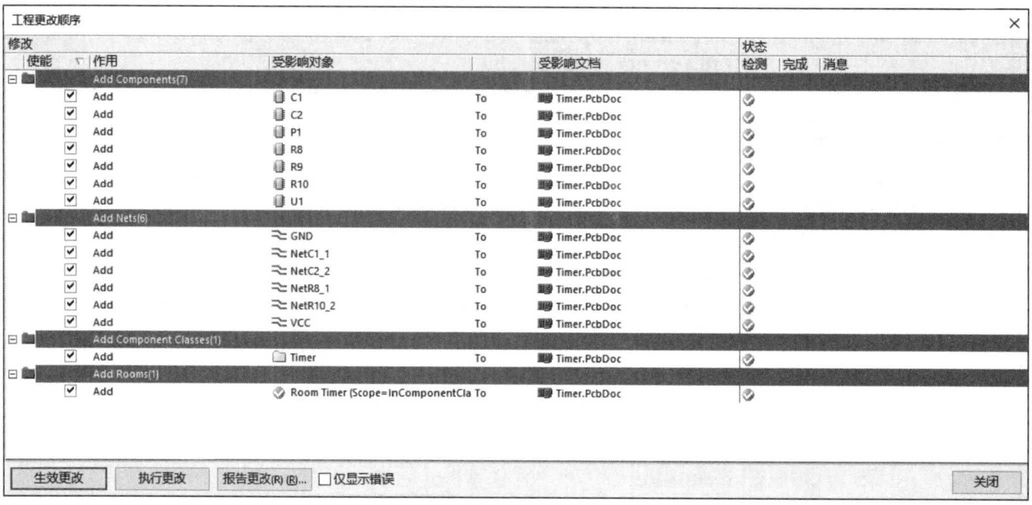

工程更改顺序

图 10.44　验证更改

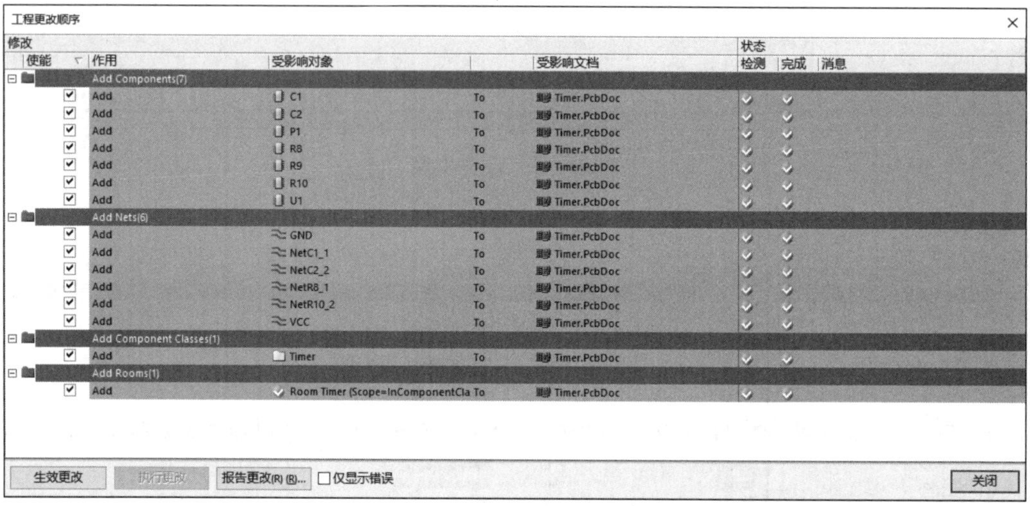

图 10.45　执行更改

这时,所有封装都导入 PCB 中,如图 10.46 所示,所有元件都在红色 Room 区域上,用鼠标选中此区域,并删除。

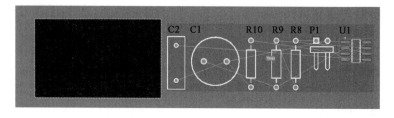

图 10.46　PCB 导入封装

4. PCB 布局

元件的布局非常重要,需要考虑产品的结构要求和使用习惯等因素。通常考虑以下因素:

（1）缩短高频元件之间的连线,减少其分布参数和相互间的电磁干扰,易受干扰的元件不能相互靠太近,输入和输出元件应尽量远离。

（2）增加某些存在较高电位差元件或者导线之间的距离,以免放电时短路。

（3）某些又重又大、散热较多的元件,不宜安装在电路板上。

（4）对于电位器、可调电感线圈、可变电容器、微动开关等可调元件的布局,应考虑整机结构要求。

（5）应留出电路板的定位孔和固定支架所占用的位置,位于电路板边缘的元件,离电路板边缘一般不小于2mm。

（6）数字地和模拟地需要分开。

（7）根据原理图的布局,按照信号的传输方向,考虑PCB板的布局。

AD15中提供了自动布局,通过执行"工具"→"器件布局",可实现自动布局,但自动布局的不能满足设计需求,通常通过"拖拽元件"来实现元件移动,"鼠标长按元件+空格键"来实现元件旋转。在布局时,如果元件摆放距离太近,元件会显示绿色,提醒设计者进行修改。布局完成后,可再次对板子形状进行修改,去掉多余部分,如图10.47所示。

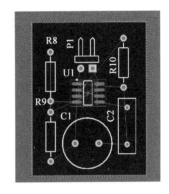

图10.47 PCB布局

5.设置焊盘参数

焊盘是实现元件固定和实现电气连接的部位,通常会根据元件重量、板子中元件的密度等相关因素来考虑焊盘的大小,通常焊盘大小为焊盘孔径的2倍以上。双击某个焊盘,在如图10.34所示的对话框中,对焊盘参数进行设置。

6.布线

布线就是在PCB上连接所有导线,建立所需的电气连接,图10.47中所示的焊盘之间的连线不是导线,俗称"飞线",即"预览线",只显示了元件之间的连接关系。在AD15中提供了两种布线方法:手动布线和自动布线。

1)手动布线

手动布线需要设计者根据元件布局和走线路径,参考网格,来进行布线。手动布线的方法

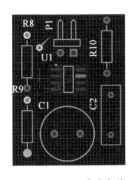

图10.48 手动布线

是:选择"放置"→"交互式布线",这时光标会变成十字形状,将光标移动到元器件的一个焊盘上,然后单击放置布线的起点。根据飞线,找到终点焊盘再次单击,完成两个焊盘之间的布线。

在布线的过程中可通过"Shift+Space"快捷键切换布线的5种模式,分别是任意角度、90°拐角、90°弧形拐角、45°拐角、45°弧形拐角。可通过小键盘"＊"实现层与层之间的切换,这时系统会自动添加一个过孔,如图10.48箭头处所示。

2)自动布线

在自动布线前,需要对布线规则进行设置,单击"设计"→"规

则",在弹出的对话框中包括了 10 大类设计规则,如图 10.49 所示。

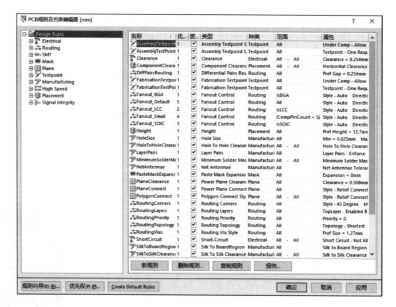

图 10.49　布线规则

（1）Electrical（电气规则）：主要针对具有电气特性的对象,用于系统的 ERC（电气规则检查）功能,包括 Clearance（安全间距规则）、Short Circuit（短路规则）、Unrouted Net（取消布线网络规则）、Unconnected Pin（未连接引脚规则）。

（2）Routing（布线规则）：主要用于设置自动布线过程中的布线规则,包括 Width（走线宽度规则）、Routing Topology（走线拓扑结构规则）、Routing Priority（布线优先级规则）、Routing Layers（布线工作层规则）等。

（3）SMT（表贴封装规则）：主要用于设置表面安装元件的走线规则,包括 SMD To Corner（表面安装元件的焊盘与导线拐角处最小间距规则）、SMD To Plane（表面安装元件焊盘与中间层间距规则）、SMD Neck Down（表面安装元器件的焊盘颈缩率规则）。

（4）Mask（阻焊规则）：主要用于设置阻焊剂铺设的尺寸。

（5）Plane（中间层布线规则）：主要用于设置与中间电源层布线相关的走线规则。

（6）Testpoint（测试点规则）：主要用于测试点布线规则。

（7）Manufacturing（生产制作规则）：主要用于设置制作工艺规则。

（8）High Speed（高速信号相关规则）：主要用于设置高速信号线布线规则。

（9）Placement（元件放置规则）：主要用于设置元件布局规划。

（10）Signal Integrity（信号完整性规则）：主要用于设置信号完整性所涉及的各项需求。

本例设置导线走线最小间距为 0.4mm,如图 10.50 所示,设置地线、电源线及其余导线如图 10.51 所示,布线参数设置好后,选择"自动布线"→"全部",对整个电路板进行布线,也可对选定的网络、网络类、连接进行自动布线。

当选择"全部"时,即可打开"Situs 布线策略"对话框,选择系统默认的"Default 2 Layer Board（默认双面板）",单击"Rout All",开始布线,布线结果如图 10.52 所示。

在完成布线后,如果要取消布线,可选中某一根导线,按"Delete"键删除,也可以选择"工具"→"取消布线"→"全部",删除所有导线。

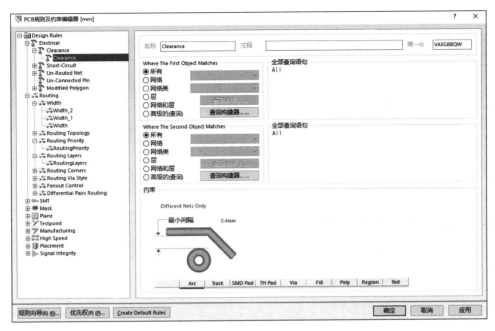

图 10.50　最小间距

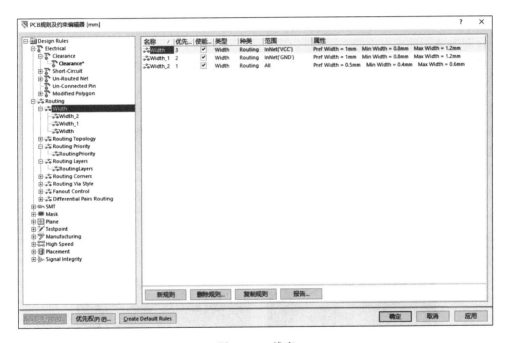

图 10.51　线宽

7. 补滴泪

在导线和焊盘连接处,通常需要补泪滴,以去除连接处的直角,增大连接面。这样做能够避免在 PCB 制作过程中,因钻孔定位偏差而导致焊盘与导线断裂,同时也可以避免在安装和使用过程中,因用力集中而导致连接处断裂。

选择"工具"→"滴泪",系统将弹出对话框,如图 10.53 所示。

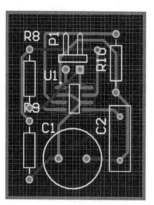
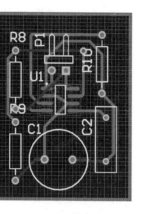

图 10.52　布线结果　　　　　　　　　　图 10.53　补滴泪

可根据设计要求添加或者移除滴泪,针对所有焊盘或过孔或者某一特定网络补滴泪,并对滴泪的类型、补滴泪的方法等进行设置。设置完成后,点击"OK",就完成补滴泪操作,图 10.54 是补滴泪前后对比图。

8. 敷铜

敷铜是由一系列导线组成的,可以将空余没有走线的部分用导线全部铺满。铺满部分的铜箔和电路的一个网络相连,多数情况下和接地网络相连,来提高电路的抗干扰能力。

选择"放置"→"多边形敷铜",系统将弹出对话框,如图 10.55 所示。

(1)填充模式:用于选择敷铜填充模式,包括:Solid(Copper Regions),即敷铜区域内全铜敷设;Hatched(Tracks/Arcs),即向敷铜区域内填入网络状的敷铜;None(Outlines Only),即只保留敷铜边界,内部不填充。

(2)属性:用于设置所敷设的工作层。

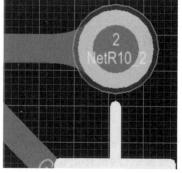

图 10.54　补滴泪前后对比图

图 10.55　多边形敷铜

（3）网络选项：用于选择敷铜连接到的网络，通常连接到接地网络，以及设置敷铜的填充方式。

设置完相关参数后，点击"确定"，这时鼠标会变成十字光标，沿着 PCB 板的边框，画出一个闭合的矩形框，右击退出，系统在框线内部自动生成了敷铜，如图 10.56 所示，是在底层上完成的敷铜，这时整个 PCB 绘制完成了。

【练习题】

（1）建立原理图文件，并完成"LED 电路"原理图制作，如图 10.57 所示。

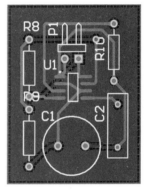

图 10.56　敷铜

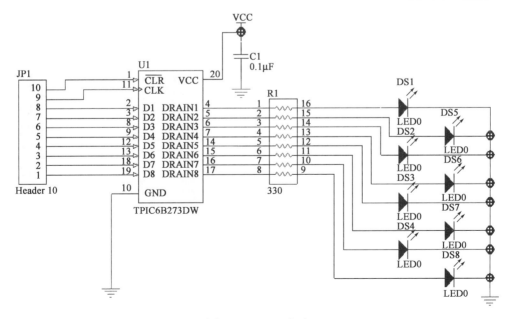

图 10.57　LED 电路

（2）建立 PCB 文件，并完成"DA 转换电路"PCB 制作，如图 10.58 所示。

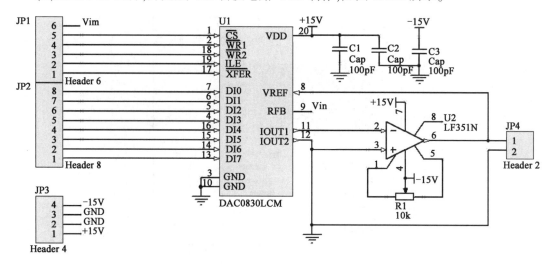

图 10.58 DA 转换电路

参 考 文 献

[1] 杨秋菊,汤梦阳,雍涛.电工与电子技术实验教程.北京:石油工业出版社,2020.

[2] 丁珠玉.电子工艺实习教程.北京:科学出版社,2020.

[3] 吴新开.电子技术实习教程.长沙:中南大学出版社,2013.

[4] 陈英.电子技术应用实验教程基础篇.成都:电子科技大学出版社,2015.

[5] 李瑞,等.Altium Designer 14 电路设计基础与实例教程.北京:机械工业出版社,2015.

[6] 陈光绒,等.PCB 设计与制作.2 版.北京:高等教育出版社,2018.

[7] 秦曾煌.电工学上册电工技术.7 版.北京:高等教育出版社,2009.

[8] 姚海彬.电工技术(电工学).2 版.北京:高等教育出版社,2004.

[9] 毕淑娥.电工与电子技术基础.北京:高等教育出版社,2009.

[10] 刘全忠.电子技术(电工学Ⅱ).2 版.北京:高等教育出版社,2005.

[11] 严金云.电工基础及应用(信息化教程).北京:化学工业出版社,2016.

[12] 黄晴.电子产品工艺于项目训练.北京:电子工业出版社,2015.

[13] 梁勇,等.电子元器件的安装与拆卸.北京:机械工业出版社,2020.

[14] 巢云.电工电子实习教程.2 版.南京:东南大学出版社,2014.

[15] 王湘江,等.电工电子实习教程.长沙:中南大学出版社,2014.

[16] 余仕求,等.电工电子实习教程.武汉:华中科技大学出版社,2019.